Алексей Бабкин

Скрытые периодичности и долгосрочное прогнозирование стока рек России

Алексей Бабкин

Скрытые периодичности и долгосрочное прогнозирование стока рек России

LAP LAMBERT Academic Publishing

Impressum / **Выходные данные**

Bibliografische Information der Deutschen Nationalbibliothek: Die Deutsche Nationalbibliothek verzeichnet diese Publikation in der Deutschen Nationalbibliografie; detaillierte bibliografische Daten sind im Internet über http://dnb.d-nb.de abrufbar.

Библиографическая информация, изданная Немецкой Национальной Библиотекой. Немецкая Национальная Библиотека включает данную публикацию в Немецкий Книжный Каталог; с подробными библиографическими данными можно ознакомиться в Интернете по адресу http://dnb.d-nb.de.

Coverbild / Изображение на обложке предоставлено: www.ingimage.com

Verlag / Издатель:
LAP LAMBERT Academic Publishing
ist ein Imprint der / является торговой маркой
OmniScriptum GmbH & Co. KG
Heinrich-Böcking-Str. 6-8, 66121 Saarbrücken, Deutschland / Германия
Email / электронная почта: info@lap-publishing.com

Herstellung: siehe letzte Seite /
Напечатано: см. последнюю страницу
ISBN: 978-3-659-56130-6

Содержание

Приложения

1. Введение

Развитие методологии долгосрочного прогнозирования гидрометеорологических процессов является актуальной проблемой современной науки. В настоящее время высокая оправдываемость характерна для краткосрочных прогнозов. Например, оправдываемость прогнозов с заблаговременностью менее 24 часов (включая стандартные прогнозы погоды), достигает 90%. Гидрометеорологические прогнозы на месяц или сезон оправдываются примерно на 70%. Прогнозы с большей заблаговременностью оправдываются на 30 – 50%.

В России и мире не существует общих стандартов к предсказанию гидрометеорологических процессов с заблаговременностью больше, чем год, хотя авторские подходы и методология их прогнозирования развиваются с начала XX века. Большинство из этих подходов основано на выявлении зависимостей исследуемых характеристик от глобальных факторов, таких как солнечная активность, лунные приливы долгого периода, характеристики атмосферной циркуляции и других факторов, позволяющих осуществить прогнозирование на отдаленную перспективу – 20 – 50 лет и более [2, 3, 5, 8, 12, 14, 17, 22].

Одновременно с указанным направлением исследований в области прогнозирования развивалось другое, основанное на анализе внутренней структуры (динамики) временных рядов исследуемых характеристик. Широко известен метод прогноза стока рек, разработанный Ю.М. Алёхиным [1]. Этот метод основан на анализе корреляционной функции, учитывающей связи между стоком текущего года и стоком предшествующих лет.

Начиная с 1970 гг. при прогнозах уровня Каспийского моря использовался подход, основанный на моделировании рядов случайных чисел методом Монте-Карло и учёте потерь стока впадающих в него рек вследствие хозяйственной деятельности [16, 19]. В конце XX – начале XXI века при прогнозировании гидрометеорологических временных рядов стал использоваться метод "Гусеница" [10, 15].

При оценках будущих значений гидрометеорологических характеристик необходимо учитывать периодичности – скрытые гармонические закономерности в их колебаниях. Наиболее успешным в гидрологии является прогноз Б.А. Шлямина [20]. Б.А. Шлямин на основе данных наблюдений и косвенных исторических сведений об уровне воды Каспийского моря, выявил периодичности в его изменениях, и с учетом выявленных периодов рассчитал его будущие значения.

Уровень воды Каспийского моря непрерывно уменьшался с начала XX века по 1977 год. Большинство исследователей в 60-х и в первой половине 70-х годов XX века предсказывали его дальнейшее понижение в обозримом будущем. Но, после 1977 г. уровень моря начал расти. Б.А. Шлямин не только верно предсказал изменение общей тенденции уровня моря, но он также точно спрогнозировал год этого изменения.

Для выявления скрытых гармоник во временных рядах водных ресурсов применяется метод Дж. Фурье (быстрое преобразование) [9, 11 и др.]. Однако, этот метод имеет ряд недостатков, снижающих достоверность результатов анализа временных рядов и прогностических расчетов.

Поскольку метод Дж. Фурье рассматривает синусоиды с периодами, пропорциональными длине временного ряда, получаемые по нему гармоники скорее не выявляются, а задаются заранее. Если во временном ряду водных ресурсов будет присутствовать гармоника с периодом не пропорциональным продолжительности ряда, по методу Дж.Фурье она будет оценена с ошибками.

Возникают трудности при сопоставлении результатов анализа методом Дж. Фурье нескольких временных рядов водных ресурсов, имеющих различную продолжительность. Если та же самая гармоника присутствует в этих рядах, то метод Дж. Фурье укажет не на нее, а на синусоиды с различными периодами.

Метод Дж. Фурье не рассматривает долгосрочную тенденцию временного ряда. Наиболее длинный период синусоиды Дж. Фурье равен продолжительности ряда. Как правило, результаты прогнозирования стока по сумме всех синусоид Дж. Фурье оказываются довольно плохими. В том случае, когда для прогноза составляется сумма из нескольких синусоид с наибольшими амплитудами, результаты расчетов стока на будущее часто оказываются хуже оценок по среднему значению его временного ряда.

Представленный в настоящей работе метод "Периодичностей" позволяет преодолеть некоторые недостатки метода Дж. Фурье. Этот метод основан на аппроксимации гидрометеорологических временных рядов синусоидальными функциями. Он позволяет выявлять гармоники, периоды которых не пропорциональны продолжительности временного ряда. Гармоника с тем же самым периодом может быть выявлена во временных рядах различной длины. И периоды выявленных синусоид могут превышать продолжительность временного ряда.

В настоящей работе анализируются, моделируются и прогнозируются временные ряды стока пятнадцати разных по водности рек, протекающих в различных районах России. Каждый из этих рядов анализировался с момента начала наблюдений на соответствующем посту по 2000 г. Десятилетний интервал 2001 – 2010 гг. использован для расчетов на нем поверочных прогнозов с заблаговременностью соответственно 5 и 10 лет, и для оценки результатов прогнозирования.

С учетом выявленных периодов, поверочные прогнозы стока рассчитывались по различным схемам. Будущий сток каждой реки оценивался по синусоиде с наибольшей корреляцией с временным рядом и по сумме всех выявленных синусоид. Также он рассчитывался по синусоиде с наибольшей корреляцией с временным рядом, если она превышает 0,40, и по сумме синусоид с кратными периодами. Там где синусоиды с такой высокой корреляцией с рядом выявлены не были, и где не были установлены кратные периоды, при обобщении результатов использовались оценки по среднему значению. При прогнозировании использовалась также схема комбинирования расчетов по синусоиде с ее корреляцией с временным рядом стока, большей 0,40, и расчетов по сумме синусоид с кратными периодами.

Проведено обобщение результатов прогнозирования стока по всем пятнадцати рекам. Показано, что по определенным схемам результаты прогнозов оказались лучше, чем по среднему значению.

Ниже приводится описание метода "Периодичностей" и его использования при анализе и прогнозировании временных рядов стока рек, а также принципов оценки результатов прогнозов. Таблицы с результатами анализа и прогнозирования временных рядов стока приведены в приложении 1, а графики их колебаний с выявленными гармониками – в приложении 2.

2. Критерии оценки результатов поверочных прогнозов

Долгосрочный погодичный прогноз стока реки за год считается оправдавшимся, если разность между его наблюденным и рассчитанным значениями меньше допустимой ошибки прогнозирования Δ. Допустимая ошибка прогноза часто принимается равной 0,674 от среднего квадратического отклонения временного ряда стока σ [4]

$$\Delta = 0{,}674\sigma \,, \tag{1}$$

Среднее квадратическое отклонение временного ряда рассчитывается следующим образом:

$$\sigma = \sqrt{\dfrac{\sum_{1}^{n}(Q_i - Q_s)^2}{n}} \,, \tag{2}$$

где Q_i – сток реки в год i;

Q_s – среднее значение стока за расчетный период;

n – продолжительность временного ряда.

Оправдываемость прогнозов на временном интервале оценивается по сумме оправдавшихся годовых прогнозов. Результаты прогностических расчетов могут быть оценены также с использованием суммы квадратов ошибок годовых прогнозов S_f. Ошибка прогноза стока за год равна разности между его предсказанным и фактическим значениями.

Из суммы квадратов ошибок прогнозов находилась фактическая осредненная ошибка прогнозирования

$$\delta r = 0{,}674\sqrt{\frac{S_f}{l}} \ , \tag{3}$$

где l – число лет в прогностическом интервале (5 или 10 лет в нашем случае). Поскольку сток разных рек существенно различается между собой, то фактические осредненные ошибки прогнозирования не вполне достоверно будут характеризовать качество его прогнозов. Фактические ошибки прогнозирования стока разных рек, без учета статистических характеристик его временных рядов, не вполне правильно сопоставлять между собой и обобщать.

Более достоверной характеристикой прогнозирования стока будет его относительная ошибка – отношение фактической осредненной ошибки к его допустимой ошибке $\delta r / \Delta$. Относительная ошибка прогнозирования представляет результаты прогнозов в долях от 1, и эти ошибки разных рек могут быть сопоставлены и обобщены.

При сравнении результатов долгосрочных прогнозов стока лучшим будет тот, у которого больше оправдавшихся годовых прогнозов и меньше относительная ошибка прогнозирования. Результаты прогнозов множества временных рядов стока по разным методикам можно сопоставить после оценки оправдываемости прогнозов по всем рядам, и расчетов их средней относительной ошибки. Более успешной следует считать ту методику, по которой получена более высокая оправдываемость прогнозов и более низкая их средняя относительная ошибка.

Успешный долгосрочный прогноз стока должен быть не хуже его оценок на будущее по среднему многолетнему значению.

3. Временные ряды стока рек

В настоящей работе проводится анализ, моделирование, расчеты поверочных прогнозов годовых значений стока и оценка их результатов для пятнадцати рек. Сведения о временных рядах стока приведены в таблице 1.

В первом столбце этой таблицы указан номер реки в алфавитном порядке. Во втором столбце – название реки и поста или населенного пункта, где проведены наблюдения за ее стоком. В третьем столбце указан первый год временного ряда стока каждой реки. Для всех рек анализ стока проводился по 2000 г. В четвертом столбце приведены результаты расчетов среднего значения временных рядов, в пятом – их среднего квадратического отклонения, а в шестом столбце – допустимая ошибка прогнозирования.

Наиболее продолжительные ряды наблюдений за стоком воды имеются в наличии для р. Неман – г. Смалининкай, и р. Нева – д. Новосаратовка. Их продолжительность до 2000 г. составляет 142 года. Временные ряды стока р. Амур у Хабаровска, Волги у Волгоградской ГЭС, Дона у станицы Раздорская, Иртыша у г. Тобольск и Северной Двины у села Усть-Пинега также превышают 100 лет.

Самым коротким из рассматриваемых рядов наблюдений оказался ряд стока р. Енисей у г. Игарка. Его продолжительность равна 65 лет. Продолжительность ряда стока р. Селенга у разъезда Мостовой равна 69 лет, стока реки Ангара у села Богучаны, Печоры у села Усть-Цильма, Оби у г. Салехард и Терека у станицы Котляревская – 71 год.

Наиболее полноводная река России – Енисей. Среднее значение стока этой реки в створе г. Игарка равно 581,1 км³/год. Среднее значение стока р. Оби у г. Салехард равно 396,8 км³/год, Амура в створе г. Хабаровск – 265,9 км³/год, Волги в створе у Волгоградской ГЭС – 252,3 км³/год.

Наименьшая водность из рассматриваемых рек отмечается у р. Терек. Среднее многолетнее значение стока этой реки в створе у станции Котляревская составило 4,37 км³/год. У реки Кубань – г. Краснодар оно оказалось равным 12,4 км³/год. У р. Неман – г. Смалининкай и у Дона – станица Раздорская средние многолетние значения стока соответственно равны 17,1 км³/год и 24,4 км³/год.

Самые большие средние квадратические отклонения временных рядов стока рек, и соответственно, допустимые ошибки их прогнозов, получены для р. Обь у г. Салехард и р. Амур у г. Хабаровск. У Оби среднее квадратическое отклонение ряда стока равно 58,9 км³/год, а допустимая ошибка прогнозов – 39,7 км³/год. У Амура среднее квадратическое отклонение и допустимая ошибка прогнозирования составили соответственно 56,2 км³/год и 37,9 км³/год.

У р. Волга и р. Енисей средние квадратические отклонения рядов стока соответственно равны 45,1 км³/год и 42,4 км³/год. Допустимые ошибки их прогнозирования оказались равными 30,4 км³/год и 28,6 км³/год.

Самые маленькие средние квадратические отклонения рядов стока и допустимые ошибки их прогнозов отмечаются у Терека и Кубани. Их средние квадратические отклонения составили соответственно 0,68 км³/год и 2,40 км³/год, а допустимые ошибки прогнозирования – 0,46 км³/год и 1,62 км³/год.

4. Основы метода "Периодичностей"

Метод "Периодичностей" предусматривает моделирование временных рядов суммой периодических функций с различными периодами, амплитудами и фазами. Характеристики гармоник оцениваются с использованием метода наименьших квадратов [13].

Временные ряды стока рек аппроксимируются функцией вида:

$$R = Q_0 + \frac{\delta Q}{2}\sin(\omega t + \varphi) = Q_0 + b\sin\omega t + c\cos\omega t . \tag{4}$$

Функция (4) аппроксимирует временной ряд наилучшим образом, если ее сумма квадратических разностей с временным рядом S_Q наименьшая

$$S_Q = \sum_1^n (Q_i - R)^2 = \sum_1^n (Q_i - Q_0 - b\sin\omega t_i - c\cos\omega t_i)^2 , \tag{5}$$

где Q_i – значение переменной стока из данных наблюдений в год t_i;

Q_0 – значение стока, около которого колеблется аппроксимирующая синусоида;

i - номер года в ряду наблюдений длиной n.

ω – частота колебаний аппроксимирующей функции с периодом T

$$\omega = \frac{2\pi}{T} . \tag{6}$$

Параметры b и c связаны с амплитудой δQ и фазой φ синусоиды согласно правилам сложения периодических величин с одинаковой частотой:

$$\delta Q = 2\sqrt{b^2 + c^2} \tag{7}$$

$$tg\varphi = \frac{b}{c} \tag{8}$$

Чтобы определить наилучшую аппроксимирующую синусоиду с заданным периодом, необходимо объединить в систему и приравнять к 0 производные выражения (5) по параметрам Q_0, b и c:

$$\frac{\partial S_Q}{\partial Q_0} = -2\sum_1^n (Q_i - Q_0 - b\sin\omega t_i - c\cos\omega t_i) = 0 \tag{9}$$

$$\frac{\partial S_Q}{\partial b} = -2\sum_1^n [(Q_i - Q_0 - b\sin\omega t_i - c\cos\omega t_i)\sin\omega t_i] = 0 \tag{10}$$

$$\frac{\partial S_Q}{\partial c} = -2\sum_1^n [(Q_i - Q_0 - b\sin\omega t_i - c\cos\omega t_i)\cos\omega t_i] = 0 \tag{11}$$

Раскрыв скобки и введя в линейную систему трех уравнений с тремя неизвестными (9) – (11) обозначения

$$\sum_1^n Q_i = r \tag{12}$$

$$\sum_1^n \sin \omega t_i = l \tag{13}$$

$$\sum_i^n \cos \omega t_i = p \tag{14}$$

$$\sum_i^n Q_i \sin \omega t_i = v \tag{15}$$

$$\sum_1^n \sin^2 \omega t_i = s \tag{16}$$

$$\sum_1^n \cos \omega t_i \sin \omega t_i = u \tag{17}$$

$$\sum_1^n Q_i \cos \omega t_i = z \tag{18}$$

$$\sum_1^n \cos^2 \omega t_i = y \tag{19}$$

Представим ее в виде:

$$Q_0 n + bl + cp = r \tag{20}$$

$$Q_0 l + bs + cu = v \tag{21}$$

$$Q_0 p + bu + cy = z \tag{22}$$

Параметры периодической аппроксимации выражаются следующим образом:

$$c = \frac{rsp - rul + vnu - vpl + zl^2 - zsn}{sp^2 - 2upl + u^2 n + yl^2 - ysn} \tag{23}$$

$$b = \frac{vp^2 - zpl + zun - upr + yrl - vny}{sp^2 - 2upl + u^2 n + yl^2 - ysn} \tag{24}$$

$$Q_0 = \frac{r - cp - bl}{n} \tag{25}$$

Расчеты по формулам (23) – (25), (7) – (8) с учетом (12) – (19) позволяют оценить амплитуду, фазу, постоянное значение Q_0, около которого колеблется аппроксимирующая функция, для любого периода колебаний, а также их последовательности [6]. При этом суммы квадратических разностей между аппроксимирующей синусоидой и значениями ряда могут быть рассчитаны по формуле (5).

Суммы квадратических разностей временного ряда стока и аппроксимирующих его синусоид могут быть расположены в зависимости от периода аппроксимации. При анализе зависимости сумм квадратических разностей S_Q от периода аппроксимации у некоторых периодов будут отмечаться локальные минимумы S_Q [7]. Минимум наименьшей для каждого периода суммы квадратических разностей аппроксимирующих синусоид и временного ряда в зависимости от периода аппроксимации может быть признаком наличия здесь периодичности.

5. Периоды в колебаниях стока рек

В таблицах 2 – 9 представлены результаты аппроксимации временных рядов стока рек синусоидальными функциями. Аппроксимация проводилась последовательно с единичным шагом изменения периода. В этих таблицах, кроме таблицы 9, приводятся результаты расчетов характеристик синусоид для двух рек. Обозначения характеристик синусоид в верхней строке таблицы дополнены индексами, представляющими порядковый номер реки, присвоенный ей в таблице 1.

Характеристики наилучших аппроксимирующих синусоид приводятся через период до периода, равного 36 годам. Только в таблице 6 для экономии места выброшены наилучшие аппроксимирующие синусоиды с периодами 31 – 34 года. В этом диапазоне периодов нет минимумов сумм квадратов разностей рядов стока соответственно Немана и Невы и аппроксимирующих их синусоид.

Для каждого периода (первый столбец) были рассчитаны значение, около которого колеблется наилучшая аппроксимирующая синусоида (второй и шестой столбцы), ее амплитуда (третий и седьмой столбцы) и фаза (четвертый и восьмой столбцы). В пятом и девятом столбцах приведены результаты расчетов сумм квадратических разностей между временным рядом стока реки и этой синусоидой. Синусоиды, у которых отмечаются минимумы сумм квадратических разностей с соответствующим временным рядом, выделены жирным шрифтом.

В нижних строках таблиц выявленные периоды перечисляются в порядке убывания корреляционного отношения их наилучших аппроксимирующих синусоид с рядом стока η:

$$\eta = \sqrt{1 - \frac{S_Q}{S_0}}, \qquad (26)$$

где S_0 – сумма квадратов разностей временного ряда с его средним значением.

Во временном ряде стока Амура выявлены периоды длиной 27, 59, 12, 19, 15, 5, 9, 7 лет и 3 года, а в колебаниях стока Ангары – 52, 18, 9, 7, 4 года и 13 лет. В колебаниях стока Волги установлены периоды длительностью 34, 13, 17, 7, 20, 11, 4 года и 56 лет, а у стока Дона – 117, 13, 16, 21, 8, 5, 29 лет и 3 года.

В колебаниях стока Енисея получены периоды длиной 86, 12, 19, 3, 8 и 5 лет, в колебаниях стока Иртыша установлены 11, 21, 8, 46 и 4 летние периоды. Периоды длиной 6, 19, 9, 11, 3, 31, 14 лет и 62 года выявлены во временном ряде стока Колымы, в колебаниях стока Кубани длины установленных периодов составили 5, 8, 25, 48, 84, 13 и 16 лет.

Длины периодов, выявленных в колебаниях стока Немана, оказались равными 26, 8, 16, 135, 11, 6, 57, 13, 36, 4 и 19 годам. Во временном ряде стока Невы выявленные периоды составили 29, 11, 130, 8, 5, 13, 20, 42, 15 и 17 лет. При этом, в различных исследованиях уже указывалось на присутствие в колебаниях стока Невы периода длиной порядка 30 лет [11, 18, 21 и др.]. В колебаниях стока Оби выявленные периоды равны 12, 28, 7, 4 года и 18 лет, а в колебаниях стока Печоры – 8, 4, 40, 11, 15, 18 лет и 24 года.

Во временном ряде стока Северной Двины установлены периоды, длиной 31, 6, 105, 13, 20, 46, 3 года и 10 лет, а у стока Селенги – 27, 11, 19, 3, 5 и 14 лет. При аппроксимации синусоидальными функциями стока Терека выявленные периоды составили 15, 20, 12, 7, 29, 10 лет и 3 года.

В таблице 10 для временных рядов стока рек, представленных во втором столбце, приводятся выявленные в их колебаниях периоды. Значения периодов в порядке их возрастания указаны в верхней строке. Периоды, которые не были выявлены в колебаниях стока ни одной реки, для экономии места не указаны.

Выявленные периоды в колебаниях стока рек в таблице 10 отмечены плюсами. В последней строке этой таблицы проведено сложение фактов наличия тех же периодов в различных рядах, позволяющее получить их повторяемость для всех рек. Видно, что некоторые выявленные периоды у стока разных рек повторяются чаще, чем другие.

У пятнадцати временных рядов наибольшее число выявленных тех же самых периодов оказалось равным семи. Наибольшая повторяемость тех же периодов составила 0,47. Она отмечается у периодов длиной 3, 4, 8, 11 и 13 лет. У пяти временных рядов оказались выявлены периоды, длиной 5, 7 и 19 лет. Повторяемость этих периодов равна 0,33.

Периоды, длительностью 12 и 20 лет, оказались выявленными четыре раза. Их повторяемость составила 0,27. Три раза оказались выявлены периоды длиной 6, 9, 14, 15, 16, 18 и 29 лет. У них повторяемость равна 0,20. Два раза в пятнадцати временных рядах выявлены 10, 17, 21, 27, 31 и 46 летние периоды. Их повторяемость составила 0,13. Остальные периоды были установлено только у одного временного ряда стока, либо не были выявлены совсем.

Выявленные в колебаниях стока рек синусоиды соответственно складывались. При сложении синусоид корреляционные отношения их сумм и соответствующих временных рядов последовательно возрастали.

На рисунках 1 – 15 кривыми 1 показаны колебания стока рек, кривыми 2 – выявленные синусоиды с максимальной корреляцией с анализируемыми рядами. Кривые 3 иллюстрируют суммы всех выявленных синусоид. В скобках приводятся значения корреляционных отношений с временным рядом стока соответственно синусоиды с наибольшей корреляцией с рядом – η_2 и суммы всех синусоид η_3.

Наименьшее значение корреляции синусоиды с наибольшей корреляцией со стоком получено у Колымы. Оно у синусоиды с периодом 6 лет оказалось равным 0,270. Самое большое значение корреляционного отношения синусоиды и временного ряда стока отмечается у Ангары. Корреляция ее стока и синусоиды с периодом 52 года оказалась равной 0,557.

Помимо Ангары, высокие значения корреляции ряда стока и аппроксимирующей его синусоиды с наибольшей корреляцией, превышающей 0,400, отмечаются у Енисея, Невы, Оби и Селенги. У Енисея корреляционное отношение стока и синусоиды с периодом 86 лет составило 0,451. У Невы самая большая корреляция с рядом стока отмечается у синусоиды с периодом 29 лет. Она равна 0,516. Период синусоиды с наибольшей корреляцией с рядом стока Оби составил 12 лет, корреляционное отношение этой синусоиды и ряда равно 0,413. У Селенги корреляционное отношение стока и наилучшей аппроксимирующей синусоиды составило 0,473. Период наилучшей аппроксимирующей синусоиды равен 27 лет.

Наименьшее корреляционное отношение ряда стока и суммы всех выявленных синусоид – 0,490 отмечается у Иртыша. Наибольшее корреляционное отношение ряда стока и суммы всех выявленных синусоид получено у Ангары. Оно равно 0,804. Суммы синусоид описывают временные ряды стока рек, отражают максимумы и минимумы в его колебаниях.

У некоторых рядов стока выявлены синусоиды с периодами кратной длины. Такие периоды, можно предполагать, более достоверны, поскольку самый длинный из этих периодов может быть результатом наложения более коротких, дополнительным признаком их наличия. Так, в колебаниях стока Амура выявлены синусоиды с периодами, равными 3, 9 и 27 лет. Во временном ряде стока Ангары установлены периоды длиной 4, 13 лет и 52 года. Во временном ряде стока Оби получены синусоиды с периодами 4, 7 и 28 лет.

Полагая наличие в рядах стока квазидвухлетнего цикла, определенную связь можно предполагать и между двумя периодами, если при делении большего на меньший период получается 2. В стоке Ангары помимо трех кратных периодов установлены периоды длиной 9 и 18 лет. В стоке Волги установлены периоды, длиной 17 лет и 34 года, а в стоке Дона и Кубани – 8 и 16 лет. В колебаниях стока Иртыша и Печоры выявлены периоды, длиной 4 и 8 лет.

Во временных рядах стока Колымы и Северной Двины установлены две пары периодов, у которых при делении один на другой получается 2. У Колымы длины этих периодов равны – 3 и 6 лет, 31 и 62 года, а у Северной Двины – 3 и 6, 10 и 20 лет. Во временных рядах стока Енисея, Невы и Селенги не выявлено кратных периодов.

Представляется, что три периода, кратные друг другу, более достоверны, чем два периода, один из которых в два раза длиннее другого. Поэтому, у рядов стока, где помимо трех кратных периодов, выявлены и периоды, один из которых в два раза больше другого, прогностические выражения по сумме синусоид с кратными периодами составлено только из трех синусоид с кратными периодами. Прогноз стока Ангары рассчитан по сумме синусоид с периодами длиной 4, 13 лет и 52 года.

Если во временном ряде стока выявляются две пары периодов, кратные двум, то обе такие пары представляются одинаково достоверными. Прогностические выражения суммы синусоид с кратными периодами Колымы и Северной Двины составлены из четырех синусоид.

На рисунках 1 – 15 кривыми 4 показаны суммы кратных гармоник у тех рядов, где они были выявлены. Только у Оби к трем кратным гармоникам прибавлена синусоида с 12 летним периодом, у которого корреляция с временным рядом превышает 0,40.

6. Поверочное прогнозирование стока рек

Установленные в колебаниях стока рек периоды использовались при расчетах их поверочных прогнозов на 2001 – 2005 гг. и 2001 – 2010 гг. На рисунках 1 – 15 значения стока на интервале поверочного прогноза нанесены пунктиром. В качестве примера, рассмотрим прогнозирование стока Колымы и Невы, приведенное соответственно в таблицах 11 и 12.

В таблицах 11 и 12 во 2 столбце приводятся фактические значения стока соответственно Колымы и Невы для каждого года, которые указаны в первом столбце. В третьем столбце для каждого года рассчитаны разности среднего значения стока реки и его фактического значения, а в четвертом столбце оцениваются квадраты этих разностей.

В 5 и 8 столбцах этих таблиц приводятся результаты расчета поверочных прогнозов стока соответственно по одной синусоиде с максимальной корреляцией с временным рядом, и по сумме всех синусоид. В 6 и 9 столбцах таблиц рассчитываются погодичные разности между стоком, спрогнозированным соответственно по синусоиде и по сумме всех синусоид, и его фактическими значениями. Квадраты этих разностей указаны в столбцах 7 и 10.

В 11 столбце таблицы 11 приводятся результаты прогнозирования стока Колымы по сумме синусоид с кратными периодами (их длины составляют 3, 6, 31 и 62 года), в 12 и 13 столбцах показаны соответственно разности этих прогнозов и фактических значений, и их квадраты. Поскольку в колебаниях стока Невы кратные периоды не выявлено, в таблице 12 столбцы 11 – 13 отсутствуют.

В нижних 2 строках таблиц 11 и 12 оцениваются результаты прогнозирования стока рек соответственно Колыма и Нева на пятилетие 2001 – 2005 гг. и весь поверочный интервал 2001 – 2010 гг. В столбцах 3, 6, 9, 12 указаны числа оправдавшихся прогнозов на 5 и 10 лет вперед, рассчитанных соответственно по среднему значению, по синусоиде с максимальной корреляцией с рядом стока, по сумме всех синусоид и по сумме синусоид с кратными периодами.

Годовой прогноз принимался оправдавшимся, если разность спрогнозированного и фактического значений стока в столбцах 3, 6, 9 и 12 меньше допустимой ошибки прогнозирования Δ, представленной в таблице 1. В последних двух строках этих столбцов приведены количества оправдавшихся годовых прогнозов за соответствующие периоды.

В нижних двух строках столбцов 4, 7, 10 и 13 рассчитаны суммы квадратов ошибок прогнозирования стока на пять и на десять лет. Под суммами квадратов ошибок погодичных прогнозов через черту приводятся фактические осредненные ошибки прогнозов и их относительные ошибки.

Прогноз стока Колымы на 2001 – 2005 гг. по среднему значению оправдался 4 раза. Он оправдался в 2001 – 2003 гг. и в 2005 г. Сумма квадратов его ошибок составила 904,62 (км³/год)², а средняя фактическая и относительная ошибки – 9,065 км³/год и 0,839 соответственно. За весь десятилетний интервал оправдались 7 прогнозов. Прогнозы по среднему значению оправдались также в 2006 и в 2008, 2009 гг. Сумма квадратов ошибок прогнозирования на десятилетнем интервале равна 2144,36 (км³/год)². Фактическая и относительная ошибки прогнозирования оказались равными 9,869 км³/год и 0,914.

Прогноз стока Колымы на 2001 – 2005 гг. по синусоиде с наибольшей корреляцией с временным рядом (с периодом 6 лет) оправдался 3 раза – в 2001, 2003 и в 2005 гг. Сумма квадратов ошибок прогноза составила 724,69 (км³/год)², а фактическая и относительная ошибки прогнозирования оказались равными 8,114 км³/год и 0,751. Прогноз на 2001 – 2010 гг. оправдался 5 раз. Его верные значения приходятся также на 2006 и 2010 гг. Сумма квадратов его ошибок, фактическая и относительная ошибки соответственно равны 2416,03 (км³/год)², 10,476 км³/год и 0,970.

При расчетах будущего стока Колымы на 2001 – 2005 гг. по сумме всех синусоид получено 3 оправдавшихся прогноза. Сток оказался спрогнозированным верно на 2001, 2002 и 2003 годы. Сумма квадратов ошибок прогноза равна 684,34 (км^3/год)^2. Средняя фактическая и относительная ошибки прогнозирования равны 7,885 км^3/год и 0,730. На десятилетнем поверочном интервале прогноз оправдался 7 раз. Верные значения стока получены также в 2006 и 2008 – 2010 гг. Сумма квадратов ошибок прогнозирования, его фактическая и относительная ошибки оказались равными соответственно 1653,35 (км^3/год)^2, 8,667 км^3/год и 0,802.

По сумме синусоид с кратными периодами на интервале 2001 – 2005 гг. оправдалось 3 прогноза, а на всем поверочном десятилетии – 6 прогнозов. Прогнозы оправдались в 2001, 2002, 2003, 2006, 2008 и 2010 годах. Сумма квадратов ошибок, средняя фактическая и относительная ошибки прогнозирования на 2001 – 2005 гг. составили соответственно 609,50 (км^3/год)^2, 7,442 км^3/год и 0,689. На всем десятилетнем поверочном интервале эти характеристики прогнозирования оказались равными 1566,34 (км^3/год)^2, 8,435 км^3/год и 0,781.

Прогноз стока Невы по среднему значению на 2001 – 2005 гг. оправдался 2 раза – в 2001 и 2004 гг. Сумма квадратов ошибок этого прогноза составила 1107,82 (км^3/год)^2. Средняя фактическая и относительная ошибки равны 10,033 км^3/год и 1,165. Прогноз стока на 2001 – 2010 гг. оправдался 4 раза. Его верные значения приходятся также на 2007 и 2008 гг. Сумма квадратов его ошибок, фактическая и относительная ошибки оказались равными соответственно 1508,27 (км^3/год)^2, 8,278 км^3/год и 0,961.

По синусоиде с наибольшей корреляцией с временным рядом прогноз стока Невы на 2001 – 2010 гг. оправдался 6 раз. Верно предсказанным сток оказался в 2001, 2002, 2004 и 2006 – 2008 гг. Три оправдавшихся прогноза приходятся на 2001 – 2005 гг. Сумма квадратов ошибок прогнозирования за этот пятилетний интервал составила 768,57 (км^3/год)^2. При этом, средняя фактическая и относительная ошибки прогнозирования оказались равными соответственно 8,356 км^3/год и 0,970. Сумма квадратов ошибок прогнозов стока Невы на 2001 – 2010 гг., средняя фактическая и относительная ошибки прогнозирования составили соответственно 1047,97 (км^3/год)^2, 6,900 км^3/год и 0,801.

При расчетах стока Невы на 2001 – 2005 гг. по сумме всех синусоид оправдалось 2 прогноза. Они оказались верными в 2001 и 2004 гг. Сумма квадратов ошибок прогноза стока на этом интервале составила 1102,37 (км^3/год)^2, а фактическая и относительная ошибки прогнозирования – 10,008 км^3/год и 1,162. На всем десятилетнем поверочном интервале прогнозы оправдались 7 раз. Они оправдались за каждый год второго пятилетия поверочного интервала. Сумма квадратов ошибок прогноза стока на 2001 – 2010 гг., фактическая и относительная ошибки прогнозирования по сумме всех выявленных синусоид составили соответственно 1174,18 (км^3/год)^2, 7,303 км^3/год и 0,848.

При прогнозировании стока Колымы на 2001 – 2005 гг. больше всего прогнозов – 4 оправдалось по среднему значению. При расчетах стока по синусоиде с наибольшей корреляцией с временным рядом, по сумме всех синусоид и по сумме синусоид с кратными периодами оправдалось по 3 прогноза. Но, при прогнозировании по синусоиде с наибольшей корреляцией с временным рядом, по сумме всех синусоид и по сумме синусоид с кратными периодами сумма квадратов ошибок прогнозов, их средняя фактическая и относительная ошибки оказались меньше, чем при оценках стока по среднему значению. При этом, наименьшая сумма квадратов ошибок прогнозов, их фактическая и относительная ошибки получились при расчетах стока по сумме синусоид с кратными периодами. Несколько больше оказались эти ошибки при расчетах по суммам всех синусоид, и еще больше при прогнозировании по одной синусоиде с максимальной корреляцией с временным рядом.

На всем десятилетнем поверочном интервале больше всего прогнозов оправдались по среднему значению и по сумме всех синусоид. По этим методикам оправдалось по 7 прогнозов. По синусоиде с максимальной корреляцией с временным рядом оправдалось 5 прогнозов, а по сумме синусоид с кратными периодами – 6.

Наибольшая сумма квадратов ошибок, средняя фактическая и относительная ошибки прогнозирования стока Колымы на 2001 – 2010 гг. получены по синусоиде с наибольшей корреляцией с рядом, несколько меньше эти ошибки при оценке стока по среднему значению. Меньше, чем по среднему значению эти ошибки оказались у прогнозов по сумме всех синусоид, а самые маленькие их значения получились при расчетах по сумме синусоид с кратными периодами.

При прогнозировании стока Колымы на 2001 – 2005 гг. по среднему значению на 1 прогноз оправдалось больше, чем по трем синусоидальным методикам. Но, при расчетах по синусоиде с наибольшей корреляцией с временным рядом, по сумме всех синусоид и по сумме синусоид с кратными периодами сумма квадратов ошибок прогнозов оказалась меньше, чем по среднему значению. Значит, результаты прогнозов по среднему значению и по синусоидальным методикам примерно одного качества. Среди синусоидальных методик лучшие результаты получились при расчетах по сумме синусоид с кратными гармониками – наименьшая сумма квадратов ошибок при равном количестве оправдавшихся прогнозов.

Лучше всего результаты прогнозов стока Колымы на 2001 – 2010 гг. получились по сумме всех синусоид. Наименьшая сумма квадратов ошибок прогнозов оказалась в результате расчетов по сумме синусоид с кратными периодами. Но, по среднему значению, и сумме всех выявленных синусоид на один прогноз оправдался больше. По сумме всех синусоид сумма квадратов ошибок прогнозирования оказалась меньше, чем по среднему значению. Значит, прогноз по сумме всех синусоид оказался лучше, чем по среднему.

По сумме синусоид с кратными периодами на 1 прогноз оправдалось меньше, чем по среднему значению. Но, сумма квадратов ошибок прогнозирования по сумме синусоид с кратными периодами ниже, чем по среднему значению. Следовательно, результаты прогнозирования по среднему значению и по сумме синусоид с кратными периодами примерно одного качества.

Самым худшим получился прогноз по синусоиде с наибольшей корреляцией с временным рядом. Здесь прогнозов оправдалось меньше всего, а сумма квадратов ошибок прогнозирования самая высокая.

Больше всего прогнозов стока Невы на 2001 – 2005 гг. оправдалось по синусоиде с наибольшей корреляцией с временным рядом. По этой синусоиде оправдалось 3 прогноза, тогда как по сумме всех синусоид и по среднему значению оправдалось по 2 прогноза. Сумма квадратов ошибок прогнозирования по синусоиде с максимальной корреляцией с временным рядом оказалась самой маленькая из этих трех методик. Следовательно, лучше всего получился прогноз по синусоиде с наибольшей корреляцией с временным рядом.

При равенстве количества оправдавшихся прогнозов, несколько меньшая сумма квадратов ошибок прогнозирования оказалась по сумме всех синусоид. Таким образом, самые худшие результаты прогнозирования стока Невы на 2001 – 2005 гг. получились по среднему значению. По сумме всех синусоид прогнозы получились лучше, чем по среднему, но хуже, чем по синусоиде с наибольшей корреляцией с данными стока.

При прогнозировании стока Невы на 2001 – 2010 гг. наибольшее число оправдавшихся прогнозов получено по сумме всех синусоид, а наименьшая сумма квадратов ошибок прогноза – по синусоиде с наибольшей корреляцией с временным рядом. При оценках будущего стока по среднему значению число оправдавшихся прогнозов оказалось ниже, а сумма квадратов ошибок выше, чем по каждой из двух других методик. Следовательно, результаты прогнозирования по среднему значению оказались хуже, чем по сумме синусоид и по синусоиде с наибольшей корреляцией с временном рядом.

Количество оправдавшихся прогнозов по сумме всех синусоид больше чем по синусоиде с наибольшей корреляцией с рядом на 1, но сумма квадратов ошибок прогнозирования оказалась ниже по синусоиде с наибольшей корреляцией с временным рядом. Значит, эти два прогноза примерно одного качества.

7. Обобщение результатов прогнозирования речного стока

Оценки оправдываемости прогнозов и расчеты их средних фактических и относительных ошибок выполнены для всех исследуемых рек. Их результаты приводятся в таблицах 13 – 16.

В таблицах 13 – 14 для каждой реки приводится количество оправдавшихся прогнозов соответственно на 2001 – 2005 и 2001 – 2010 гг. В таблицах 15 – 16 указываются результаты расчетов их средних фактических и относительных ошибок. При этом, в таблицах 13 – 16 под цифрой I указываются результаты оценок будущего стока по среднему значению, а под II – по одной синусоиде с наибольшей корреляцией с временным рядом стока.

Цифрой III обозначены результаты прогнозов по сумме всех выявленных синусоид, а цифрой IV – результаты прогнозирования по синусоиде из столбца 2, если ее корреляция с временным рядом превышает 0,40. Синусоиды с такой высокой корреляцией с временным рядом стока выявлены соответственно у Ангары, Енисея, Невы, Оби и Селенги. У остальных рек, где нет синусоиды с такой высокой корреляцией с рядом стока, в таблицах 13 – 16 под знаком IV приводятся результаты прогнозирования по среднему значению.

Под знаком V в этих таблицах указаны результаты прогностических расчетов по суммам синусоид с кратными периодами. Суммы синусоид с кратными периодами получены для Амура, Ангары, Волги, Дона, Иртыша, Колымы, Кубани, Немана, Оби, Печоры, Северной Двины и Терека. У Енисея, Невы и Селенги, где не выявлены синусоиды с кратными периодами, в столбцах под знаком V указаны результаты прогнозирования по среднему значению.

В последнем столбце таблиц 13 – 16 проведено совмещение результатов прогнозирования по синусоиде с наибольшей корреляцией с временным рядом, если ее корреляция превышает 0,40, и по сумме синусоид с кратными периодами. У рек, где установлена синусоида с корреляцией с временным рядом, большей 0,40, но не выявлены гармоники с кратными периодами, в столбцах под знаком VI представлены результаты прогнозирования по синусоиде с такой высокой корреляцией. Такими реками являются Енисей, Нева и Селенга.

У рек, у которых выявлены синусоиды с кратными периодами, но нет синусоиды с корреляцией с рядом более 0,40, в столбцах под цифрой VI приведены результаты прогнозирования по сумме синусоид с кратными периодами. К этой категории относятся Амур, Волга, Дон, Иртыш, Колыма, Кубань, Неман, Печора, Северная Двина и Терек.

У Ангары среди гармоник с кратными периодами оказалась синусоида с наибольшей корреляцией с рядом стока, которая превышает 0,40. В столбцах VI приводятся результаты прогнозирования по сумме синусоид с кратными гармониками, включающую гармонику с наибольшей корреляцией.

У Оби период гармоники, чья корреляция превышает 0,40 с временным рядом стока, не входит в группу кратных периодов. Для этой реки в последнем столбце таблиц 13 – 16 указаны результаты прогноза по сумме синусоиды с корреляцией с временным рядом, превышающей 0,40, и суммы синусоид с кратными периодами.

Теоретически, возможна ситуация, когда у временного ряда стока нет гармоники, чья корреляция с рядом превышает какое либо высокое, заранее заданное значение, и нет гармоник с кратными периодами. Тогда в столбце VI следовало бы указать результаты прогнозирования по среднему значению. Среди рассматриваемых рядов такого случая нет.

Количества оправдавшихся прогнозов стока разных рек с заблаговременностью 5 и 10 лет, а также их фактическая и относительная ошибки существенно различаются между собой. При прогнозировании стока Дона на 2001 – 2005 гг. по всем представленным схемам оправдались все пять прогнозов. При этом, относительная ошибка прогнозирования по среднему значению составила 0,374, а по сумме всех синусоид – 0,170.

Прогнозы стока Кубани по среднему значению и по синусоиде с наибольшей корреляцией с временным рядом на 2001 – 2005 гг. не оправдались ни разу, а по сумме всех синусоид и по сумме синусоид с кратными периодами – 1 раз. Относительная ошибка прогнозирования изменялась в пределах от 1,402 при расчетах стока по синусоиде с максимальной корреляцией с временным рядом, до 1,176 при прогнозировании по сумме всех синусоид.

При прогнозировании стока Дона на 2001 – 2010 гг. по всем указанным методикам оправдалось по 6 прогнозов. За второе пятилетие по всем методикам оправдался только 1 прогноз. При этом, относительная ошибка прогнозирования находится в пределах от 0,934, при расчетах по сумме всех синусоид, до 0,615 при оценках по среднему значению.

На десятилетнем интервале при оценке будущего стока Кубани по среднему значению оправдалось 4 прогноза, по синусоиде с наибольшей корреляцией с временным рядом – 2, по сумме всех синусоид и по сумме синусоид с кратными периодами прогнозы оправдались 5 раз. Наибольшая относительная ошибка прогнозирования, равная 1,115, получена при расчетах по синусоиде с наибольшей корреляцией с временным рядом. Наименьшая относительная ошибка оказалась при расчетах стока по сумме синусоид с кратными периодами. Она составила 0,928.

На поверочном интервале 2001 – 2010 гг. отметим высокую оправдываемость прогнозов стока у Ангары. У этой реки по среднему значению и по сумме синусоид с кратными периодами оправдалось по 8 прогнозов, а по синусоиде с наибольшей корреляцией с временным рядом (эта корреляция превышает 0,40) и по сумме всех синусоид оправдалось по 7 прогнозов. При этом, относительная ошибка прогнозирования по сумме всех синусоид оказалась равной 0,941, по среднему значению – 0,784, по синусоиде с максимальной корреляцией с временным рядом – 0,740 и по сумме синусоид с кратными периодами – 0,715.

У стока Ангары по среднему значению, по сумме всех выявленных синусоид и по сумме синусоид с кратными периодами оправдались все 5 прогнозов на второе пятилетие 2006 – 2010 гг. Также на втором пятилетии все прогнозы оправдались у стока Невы по сумме всех синусоид и у стока Северной Двины по синусоиде с наибольшей корреляцией с его временным рядом.

Низкая оправдываемость прогнозов 2001 – 2010 гг. получилась у стока Селенги по среднему значению и по сумме всех синусоид. За десять лет оправдалось соответственно 1 и 0 прогнозов. У стока Енисея по среднему значению, как и у стока Кубани по синусоиде с максимальной корреляцией с его временным рядом, оправдалось 2 прогноза.

Относительная ошибка прогноза стока Селенги с заблаговременностью 10 лет по среднему значению равна 1,475, а по сумме всех синусоид – 1,280. При прогнозировании стока Енисея по среднему значению относительная ошибка прогноза составила 1,625.

В нижних двух строках таблиц 13 – 16 проводится обобщение результатов прогнозирования по каждой из представленных схем. В таблицах 13 – 14 в предпоследней строке складываются количества оправдавшихся прогнозов стока всех рек. В последней строке таблиц 13 – 14 их итоговая сумма делилась на произведение числа лет поверочного интервала и количества речных бассейнов. Таким вот образом в долях от 1 оценивалась оправдываемость прогнозов.

В таблицах 15 – 16 в предпоследней строке проводится сложение средних фактических и относительных ошибок прогнозирования стока всех рек по соответствующим схемам. В последней строке этих таблиц указаны средние арифметические значения средних фактических и относительных ошибок прогнозирования стока всех рассматриваемых рек.

Успешность долгосрочного прогноза стока реки определяется при сопоставлении его результатов с прогнозом по среднему значению временного ряда. Успешный прогноз должен быть не хуже, чем по среднему значению.

8. Результаты прогнозирования стока рек на 2001 – 2005 гг.

При прогнозировании стока на 2001 – 2005 гг. по синусоиде с наибольшей корреляцией с временным рядом больше чем по среднему значению оправдалось прогнозов у Амура, Енисея, Невы и Селенги. Меньше, чем по среднему значению, прогнозов оправдалось у Волги, Иртыша, Колымы, Северной Двины и Терека. При этом, у стока Иртыша, Колымы, Северной Двины и Терека по синусоиде с наибольшей корреляцией с временным рядом оправдалось меньше чем по среднему значению на 1 прогноз. У Ангары, Дона, Кубани, Немана, Печоры и Оби число оправдавшихся прогнозов по синусоиде равно количеству верных оценок стока по среднему значению.

Относительная ошибка прогнозирования стока по синусоиде с наибольшей корреляцией с временным рядом меньше, чем по среднему значению у Амура, Ангары, Дона, Енисея, Иртыша, Колымы, Невы, Селенги и Терека. У Волги, Кубани, Немана, Оби, Северной Двины и Печоры относительная ошибка прогнозирования по синусоиде больше, чем по среднему.

Таким образом, у Амура, Енисея, Невы и Селенги прогнозов по одной синусоиде с наибольшей корреляцией с временным рядом оправдалось больше, чем по среднему значению, а относительная ошибка прогнозирования меньше. У Ангары и Дона число оправдавшихся прогнозов по синусоиде равно количеству верных оценок стока по среднему значению, а относительная ошибка прогнозирования меньше чем по среднему. Следовательно, прогнозы стока Амура, Енисея, Невы, Селенги и Ангары и Дона по синусоиде с наибольшей корреляцией с временным рядом лучше, чем по среднему значению.

У стока Иртыша, Колымы и Терека количество оправдавшихся прогнозов по синусоиде с наибольшей корреляцией с временным рядом меньше чем по среднему значению на 1 (минимально возможная разность в количестве оправдавшихся прогнозов). Но относительная ошибка прогнозирования по синусоиде несколько меньше, чем по среднему значению. Это позволяет заключить, что прогнозы стока Иртыша, Колымы и Терека по синусоиде с максимальной корреляцией с его временным рядом и по среднему значению примерно одного качества.

Число оправдавшихся прогнозов стока Немана, Кубани, Печоры и Оби равно, а у Волги и Северной Двины меньше, чем по среднему значению. Относительная ошибка прогнозирования стока этих рек больше, чем по среднему значению. Значит результаты прогнозирования стока Немана, Кубани, Печоры, Оби, Волги и Северной Двины по синусоиде с наибольшей корреляцией с временным рядом оказались хуже, чем по среднему значению.

По расчетам стока по сумме всех синусоид на пять лет вперед больше, чем по среднему значению, прогнозов оправдалось у Амура, Кубани, Немана и Печоры. Равное количество верных прогнозов по сумме синусоид и по среднему значению оказалось у Дона, Енисея, Невы, Оби, Северной Двины и Терека. У Ангары, Волги, Иртыша, Колымы, Селенги оправдавшихся прогнозов по среднему значению оказалось больше, чем по сумме всех синусоид.

Относительная ошибка прогнозирования стока по сумме всех синусоид оказалась меньше, чем по среднему значению у Амура, Дона, Енисея, Иртыша, Колымы, Кубани, Невы, Немана и Селенги. У стока Ангары, Волги, Оби, Печоры, Северной Двины и Терека относительная ошибка прогнозирования по сумме всех синусоид выше, чем по среднему значению.

У Амура, Кубани и Немана прогнозов стока по сумме всех синусоид оправдалось больше, чем по среднему значению. Относительная ошибка прогнозирования стока по сумме синусоид получилась меньше, чем по среднему значению. У Дона, Енисея и Невы по среднему значению и по сумме всех синусоид оправдалось равное количество прогнозов, относительная ошибка прогнозирования оказалась меньше по сумме всех синусоид. Значит, прогнозы стока Амура, Дона, Енисея, Кубани, Невы и Немана по сумме всех синусоид лучше, чем по среднему значению.

У Иртыша, Колымы, Селенги количество оправдавшихся прогнозов стока по среднему значению больше, чем по сумме всех синусоид на 1. Относительная ошибка прогнозирования стока по сумме всех синусоид меньше, чем по среднему значению. У Печоры на 1 больше оправдалось прогнозов по сумме синусоид, чем по среднему значению, но относительная ошибка прогнозирования по сумме синусоид больше, чем по среднему. Значит, прогнозы стока у Иртыша, Колымы, Селенги и Печоры по среднему значению и по сумме синусоид примерно одного качества.

У стока Ангары и Волги по среднему значению прогнозов оправдалось больше, чем по сумме всех синусоид, и относительная ошибка прогнозирования по среднему значению ниже. У Оби, Северной Двины и Терека получилось соответственно равное количество оправдавшихся прогнозов по среднему значению и по сумме всех синусоид. Но, относительная ошибка прогнозирования стока по сумме всех синусоид оказалась выше, чем по среднему значению. Следовательно, прогнозы стока Ангары, Волги, Оби, Северной Двины и Терека получились хуже, чем по среднему значению.

При прогнозировании стока по синусоиде с наибольшей корреляцией с временным рядом, если она превышает 0,40, а у рядов, где она не выявлена, принимаются прогнозы по среднему, у стока Енисея, Невы и Селенги прогнозов оправдалось больше, чем по среднему значению. У этих рек относительная ошибка прогноза стока меньше, чем по среднему.

У стока Ангары при его оценке по синусоиде с наибольшей корреляцией с рядом, превышающей 0,40, прогнозов оправдалось столько же, что и по среднему значению, а относительная ошибка прогнозирования получилась ниже, чем по среднему. У Оби по синусоиде с высокой корреляцией оправдалось столько же прогнозов, что и по среднему значению, но относительная ошибка прогнозирования оказалась выше, чем по среднему.

Таким образом, при расчетах будущего стока на 2001 – 2005 гг. по синусоиде с корреляцией с его рядом, большей 0,40, у Ангары, Енисея, Невы и Селенги прогнозы лучше, чем по среднему, а у Оби хуже. У Амура, Волги, Дона, Иртыша, Колымы, Кубани, Немана, Печоры, Северной Двины и Терека синусоиды с такой высокой корреляцией выявлены не были, и результаты прогноза их стока по этой схеме совпадают с оценками по среднему многолетнему значению.

При расчетах будущего стока на 2001 – 2005 гг. по сумме синусоид с кратными периодами, где они установлены, и оценках по среднему значению, где они не были выявлены, у Амура, Кубани Немана и Печоры прогнозов оправдалось больше, чем по среднему. При этом, у стока Амура, Кубани и Немана относительная ошибка прогнозирования меньше, чем по среднему значению. У Ангары, Дона, Иртыша и Терека количества оправдавшихся прогнозов по среднему значению и по сумме синусоид с кратными периодами равны друг другу, а относительная ошибка прогнозирования также меньше по сумме синусоид. Значит, прогнозы стока рек Амура, Ангары, Дона, Иртыша, Кубани, Немана и Терека оказались лучше, чем по среднему значению.

У Волги, Колымы, Оби и Северной Двины число оправдавшихся прогнозов по сумме синусоид с кратными периодами оказалось меньше, чем по среднему значению. При этом, у Волги и Северной Двины относительная ошибка прогнозирования выше, чем по среднему, а у Колымы и Оби – ниже.

Относительная ошибка прогнозирования по сумме синусоид оказалась выше, чем по среднему значению также у Печоры. Можно полагать, что у Волги и Северной Двины результаты прогнозирования стока хуже, чем по среднему значению. Также, можно полагать, что результаты прогнозирования стока по сумме синусоид с кратными периодами хуже, чем по среднему значению и у Оби, поскольку по среднему значению прогнозов оправдалось больше на 2.

Поскольку у Печоры на 1 прогноз оправдалось больше по сумме синусоид с кратными периодами, но и относительная ошибка прогнозирования также выше, чем по среднему, можно заключить, что у этого ряда результаты прогнозов стока по сумме синусоид и по среднему одного качества. Также, одного качества следует считать прогнозы по сумме синусоид с кратными периодами и по среднему значению у Колымы. У стока Енисея, Невы и Селенги синусоиды с кратными периодами не были выявлены и результаты их прогнозирования по этой схеме те же, что и по среднему значению.

При комбинации результатов прогнозирования по сумме синусоид с кратными периодами и по синусоиде с наибольшей корреляцией с временным рядом стока, если она превышает 0,40, оправдавшихся прогнозов больше чем по среднему значению получилось у Амура, Енисея, Кубани, Невы, Немана, Печоры и Селенги. У Волги, Колымы, Оби и Северной Двины количество верных прогнозов по среднему значению больше, чем при комбинировании результатов по сумме синусоид с кратными периодами и синусоиде с большой корреляцией с временным рядом. У Ангары, Дона, Иртыша и Терека число верных прогнозов по этой схеме равно их количеству по среднему значению.

Относительная ошибка по схеме комбинирования результатов прогнозирования стока меньше, чем по среднему значению у Амура, Ангары, Дона, Енисея, Иртыша, Колымы, Кубани, Невы, Немана, Селенги и Терека. Эта ошибка меньше по среднему значению, чем по комбинированию результатов у Волги, Оби, Печоры и Северной Двины.

Таким образом, у Амура, Ангары, Дона, Енисея, Иртыша, Кубани, Невы, Немана, Селенги и Терека прогнозы по схеме комбинирования суммы синусоид с кратными периодами и синусоиды с высокой корреляцией с рядом стока получились лучше, чем по среднему значению. У Печоры и Колымы результаты прогнозирования стока по среднему значению и по этой схеме примерно одинаковы. У Волги, Оби и Северной Двины прогнозы стока по среднему значению оказались лучше, чем по схеме комбинирования результатов расчетов по синусоиде с корреляцией с временным рядом, большей 0,40 и суммы синусоид с кратными периодами.

У всех пятнадцати рек по среднему значению оправдалось 36 прогнозов. Оправдываемость прогнозов составила 0,480. По синусоиде с наибольшей корреляцией с временным рядом оказались верными 37 прогнозов, их оправдываемость составила 0,493. При расчетах будущего стока по сумме всех выявленных синусоид оправдались 34 прогноза, а их оправдываемость равна 0,453.

Оправдываемость прогнозов по синусоиде с наибольшей корреляцией с временным рядом, если она превышает 0,40, и по среднему значению, там, где синусоиды с высокой корреляцией не выявлено, составила 0,547. Всего у пятнадцати рек по этой схеме оправдался 41 прогноз.

При расчетах по сумме синусоид с кратными периодами, и по среднему значению у рек, где в рядах стока синусоиды с кратными периодами не были выявлены, оправдались 34 прогноза. Оправдываемость прогнозов составила 0,453. В результате оценок будущего стока с использованием комбинации расчетов по синусоиде с наибольшей корреляцией, если она превышает 0,40, и по сумме синусоид с кратными периодами оказались верными 40 прогнозов. Их оправдываемость составила 0,533.

Средние относительные ошибки прогнозов по всем пятнадцати рекам по среднему значению и по синусоиде с наибольшей корреляцией с временным рядом составили соответственно 1,044 и 0,952. При прогнозировании стока по сумме всех выявленных синусоид и по синусоиде с наибольшей корреляцией с временным рядом, превышающей 0,40 (или по среднему значению, если синусоида с такой корреляцией не была выявлена), средняя относительная ошибка оказалась равной соответственно 1,012 и 0,956.

Средняя относительная ошибка прогнозов стока по сумме синусоид с кратными периодами (или по среднему значению, где синусоиды с кратными периодами не выявлены), составила 1,010. Комбинирование результатов расчетов по сумме синусоид с кратными периодами и с синусоидой с корреляцией с рядом, большей 0,40, привело к средней относительной ошибке прогнозирования 0,924.

Наибольшая оправдываемость прогнозов получена при расчетах стока по синусоиде с самой высокой корреляцией с временным рядом стока, если она превышает 0,40, с учетом оценок будущего стока по среднему значению, если синусоиды с такой корреляцией не было выявлено. Немного меньше оправдываемость получилась при комбинировании результатов прогнозирования по синусоидам с кратными периодами и по синусоиде с корреляцией с рядом, превышающей 0,40.

Самая малая оправдываемость прогнозов оказалась при расчетах по сумме всех выявленных синусоид и по сумме синусоид с кратными периодами, с учетом оценок по средним значениям.

Оправдываемость прогнозов по синусоиде с наибольшей корреляцией с временным рядом, превышающей 0,40, по схеме комбинирования суммы синусоид с кратными периодами и синусоиды с наибольшей корреляцией с рядом, превышающей 0,40, и по синусоиде с наибольшей корреляцией с временным рядом, превышает оправдываемость прогнозов по среднему значению. Оправдываемость прогнозов по сумме всех синусоид и по сумме синусоид с кратными периодами оказалась ниже оправдываемости по среднему значению.

При расчетах будущего стока по всем рассмотренным пяти схемам средние относительные ошибки прогнозирования оказались меньше этой ошибки по среднему значению. При этом, самые большие относительные ошибки прогнозирования, близкие к результату прогнозов по среднему значению, получились по сумме всех синусоид, и сумме синусоид с кратными периодами.

Несколько меньшая эта ошибка оказалась при расчетах стока по синусоиде с наибольшей корреляцией с временным рядом, если ее значение превышает 0,40 (с учетом результатов прогнозов по среднему значению у рек, где синусоиды с такой высокой корреляцией не выявлено). Еще меньшая ошибка получилась по синусоиде с наибольшей корреляцией с временным рядом с любым ее значением. Самая маленькая средняя относительная ошибка прогнозирования оказалась при комбинировании результатов расчетов по сумме синусоид с кратными периодами и синусоиды с корреляцией с временным рядом большей 0,40.

9. Результаты прогнозирования стока рек на 2001 – 2010 гг.

У Амура, Енисея, Невы и Селенги число оправдавшихся прогнозов по синусоиде с наибольшей корреляцией с временным рядом превышает их количество по среднему значению. Оправдавшихся прогнозов стока соответственно Ангары, Волги, Колымы, Кубани, Немана, Оби и Печоры по синусоиде с наибольшей корреляцией с временным рядом меньше, чем по среднему. Число оправдавшихся прогнозов по среднему значению и синусоиде с наибольшей корреляцией с временным рядом равно у Дона, Иртыша, Северной Двины и Терека.

Относительная ошибка прогнозирования стока по синусоиде с наибольшей корреляцией с временным рядом меньше чем по среднему значению у Амура, Ангары, Енисея, Иртыша, Невы, Северной Двины, Селенги и Терека. У Волги, Дона, Колымы, Кубани, Немана, Оби и Печоры относительная ошибка прогнозов по этой синусоиде выше, чем по среднему значению.

Таким образом, у Амура, Енисея, Иртыша, Невы, Северной Двины, Селенги и Терека результаты прогнозирования стока по синусоиде с наибольшей корреляцией с временным рядом лучше, чем по среднему значению. У Ангары оправдавшихся по синусоиде с наибольшей корреляцией прогнозов меньше чем по среднему значению на 1 (допустимая в данном случае разность оправдавшихся прогнозов 2 и менее), а относительная ошибка прогнозов по этой синусоиде меньше. Поэтому, можно заключить, что результаты прогнозирования стока Ангары по среднему значению и по синусоиде с наибольшей корреляцией с временным рядом примерно одинаковы по качеству.

У Дона количества оправдавшихся прогнозов по синусоиде с наибольшей корреляцией с временным рядом стока и по среднему значению равны, а относительная ошибка прогнозирования больше по этой синусоиде. Значит, прогноз стока Дона по синусоиде с наибольшей корреляцией с временным рядом хуже, чем по среднему значению.

У Волги, Колымы, Кубани, Немана, Оби и Печоры оправдавшихся прогнозов стока по синусоиде с наибольшей корреляцией с временным рядом меньше, чем по среднему значению, а ошибка прогнозирования выше. Значит, прогнозы стока этих рек по синусоиде с наибольшей корреляцией с временным рядом хуже, чем по среднему.

По сумме всех синусоид больше оправдавшихся прогнозов, чем по среднему значению, получено у Енисея, Кубани и Невы. У Амура, Дона, Колымы и Немана число оправдавшихся прогнозов по сумме всех синусоид равно их количеству по среднему значению. У Ангары, Волги, Иртыша, Оби, Печоры, Северной Двины, Селенги и Терека по сумме всех синусоид оправдавшихся прогнозов меньше, чем по среднему.

Относительная ошибка прогнозирования стока по сумме всех выявленных синусоид оказалась меньше, чем по среднему значению у Енисея, Колымы, Кубани, Невы, Немана и Селенги. У Амура, Ангары, Волги, Дона, Иртыша, Оби, Печоры, Северной Двины и Терека относительная ошибка прогнозирования по сумме всех синусоид оказалась больше, чем по среднему значению.

Таким образом, прогнозы стока Енисея, Колымы, Кубани, Невы и Немана по сумме всех синусоид лучше, чем по среднему значению. У Селенги результаты прогнозирования стока по сумме всех синусоид примерно равны результатам оценок по среднему значению. У Амура, Ангары, Волги, Дона, Иртыша, Оби, Печоры, Северной Двины и Терека результаты прогнозирования стока по сумме всех синусоид оказались хуже, чем по среднему значению.

При прогнозировании стока по синусоиде с наибольшей корреляцией с временным рядом, если она превышает 0,40, и по среднему значению, если синусоиды с высокой корреляцией не выявлено, больше чем по среднему значению оправдавшихся прогнозов получено для Енисея, Невы и Селенги. Меньше, чем по среднему, прогнозов оправдалось для Оби и Ангары.

Относительная ошибка прогнозирования по этой синусоиде у стока Ангары, Енисея, Невы и Селенги меньше, чем по среднему значению, а у Оби – больше. Таким образом, у Енисея, Невы и Селенги прогнозы по синусоиде с наибольшей корреляцией с временным рядом, большей 0,40, оказались лучше, чем по среднему значению, а у Оби – хуже. Результаты расчетов будущего стока Ангары получились примерно того же качества, что и по среднему значению.

У стока Амура, Волги, Дона, Иртыша, Колымы, Кубани, Немана, Печоры, Северной Двины и Терека не было выявлено синусоиды с корреляцией с рядом стока большей 0,40. Результаты прогнозов по этой схеме совпадают с оценками стока по среднему значению.

При расчетах будущего стока по сумме синусоид с кратными периодами больше, чем по среднему значению, прогнозов оправдалось у Амура, Кубани и Немана. У Волги, Колымы, Оби, Печоры и Северной Двины прогнозов по сумме синусоид с кратными периодами оправдалось меньше, чем по среднему. У Ангары, Дона, Иртыша, Терека по среднему значению и по этой сумме синусоид оправдалось равное количество прогнозов.

Меньше, чем по среднему значению, относительная ошибка прогнозирования оказалась у стока Амура, Ангары, Колымы, Кубани, Немана, Оби и Печоры. У стока Волги, Дона, Иртыша, Северной Двины и Терека ошибка прогнозирования по сумме синусоид с кратными периодами больше, чем по среднему значению.

У Амура, Ангары, Кубани и Немана результаты прогнозирования по сумме синусоид с кратными периодами получились лучше, чем по среднему значению. У Волги, Дона, Иртыша, Оби, Северной Двины и Терека результаты прогнозирования по этой схеме оказались хуже, чем по среднему значению. У Оби ошибка прогнозирования оказалась несколько меньше по среднему значению, но разность оправдавшихся прогнозов по среднему значению и сумме синусоид с кратными периодами больше 2.

Прогнозы стока Колымы, Печоры по среднему значению и сумме синусоид с кратными периодами примерно равны друг другу по качеству. У Енисея, Невы и Селенги синусоид с кратными периодами выявлено не было. Поэтому, по этой схеме результаты прогнозов их стока совпадают с оценками по среднему значению.

По комбинированию прогнозных оценок по сумме синусоид с кратными периодами и одной синусоидой с наибольшей корреляцией с временным рядом, если она превышает 0,40, больше оправдавшихся прогнозов, чем по среднему значению, получено для Амура, Енисея, Кубани, Невы, Немана и Селенги. У стока Волги, Колымы, Оби, Печоры и Северной Двины по среднему значению прогнозов оправдалось больше. У Ангары, Дона, Иртыша и Терека равное количество оправдавшихся прогнозов по этой комбинированной схеме и среднему значению.

У Амура, Ангары, Енисея, Колымы, Кубани, Невы, Немана, Печоры и Селенги ошибка прогнозирования стока по комбинированию результатов прогнозов по сумме синусоид с кратными периодами и синусоиды с наибольшей корреляцией с временным рядом, если она превышает 0,40, оказалась меньше, чем по среднему значению. У стока Волги, Дона, Иртыша, Оби, Северной Двины и Терека ошибка прогнозирования по этой комбинированной схеме оказалась больше, чем по среднему значению.

Таким образом, у стока Амура, Ангары, Енисея, Кубани, Невы, Немана и Селенги результаты прогнозов по комбинированию оценок по сумме синусоид с кратными периодами и синусоиды с корреляцией с временным рядом, большей 0,40, оказались лучше, чем по среднему значению. У стока Волги, Дона, Иртыша, Оби, Северной Двины и Терека прогнозы по этой комбинированной схеме оказались хуже, чем по среднему значению.

У Колымы и Печоры на 1 прогноз оправдался больше по среднему значению, но относительная ошибка прогнозирования меньше по схеме комбинирования суммы синусоид с кратными периодами и синусоиды с наибольшей корреляцией с временным рядом, если она превышает 0,40. Значит, результаты прогнозирования стока по этой комбинированной схеме и среднему значению примерно одинаковы по качеству.

При оценках стока по среднему значению, у всех рек оправдался 81 прогноз. Оправдываемость прогнозов составила 0,540. При расчетах будущего стока по синусоиде с наибольшей корреляцией с временным рядом оказались верными 79 прогнозов, а их оправдываемость составила 0,527. По сумме всех выявленных синусоид оправдалось 75 прогнозов, а их оправдываемость оказалась равной 0,50.

Расчеты по синусоиде с наибольшей корреляцией с временным рядом стока, если она превышает 0,40, с учетом оценок по среднему значению, если синусоиды с такой корреляцией не выявлено, позволили получить 86 верных прогнозов. Оправдываемость прогнозов оказалась равной 0,573.

При расчетах будущего стока по сумме синусоид с кратными периодами, с учетом его оценок по среднему значению у рек, где синусоиды с кратными периодами не были выявлены, получено 77 оправдавшихся прогнозов. Их оправдываемость оказалась равной 0,513. По схеме комбинирования результатов прогнозов по сумме синусоид с кратными периодами и синусоиды с наибольшей корреляцией с временным рядом, если она превышает 0,40, оправдалось 86 прогнозов и их оправдываемость составила 0,573.

Средняя относительная ошибка прогнозирования по среднему значению составила 0,993, а по синусоиде с наибольшей корреляцией с временным рядом стока – 0,920. Эта ошибка по сумме всех синусоид оказалась равной 1,014. В результате расчетов по синусоиде с наибольшей корреляцией с временным рядом, если она превышает 0,40, и по среднему значению, если синусоиды с такой корреляцией не выявлено, полученная средняя относительная ошибка прогнозирования равна 0,911.

Расчеты будущего стока по сумме синусоид с кратными периодами, с учетом оценок по среднему значению у рядов стока, где кратные периоды не были выявлены, выполнены со средней относительной ошибкой 0,977. По схеме комбинирования результатов прогнозирования по синусоиде с наибольшей корреляцией с временным рядом стока, если она превышает 0,40, и сумме синусоид с кратными периодами, средняя относительная ошибка прогнозирования составила 0,898.

Оправдываемость прогнозов, большая, чем по среднему значению, получена по двум схемам прогнозирования. Она получилась при расчетах по синусоиде с наибольшей корреляцией с временным рядом, превышающей 0,40, с учетом оценок стока по среднему значению, если синусоиды с такой корреляцией не выявлено. Также оправдываемость оказалась выше по схеме совмещения этой синусоиды с суммой гармоник с кратными периодами. По этим двум схемам получилось равное число оправдавшихся прогнозов.

Меньше, чем по среднему, оправдываемость прогнозов оказалась по одной синусоиде с наибольшей корреляцией с временным рядом (с любым ее значением), по сумме всех выявленных синусоид и по сумме синусоид с кратными периодами. Из этих схем наиболее высокая оправдываемость получена по синусоиде с наибольшей корреляцией с временным рядом. Несколько меньшая оправдываемость – по сумме синусоид с кратными периодами. Меньше всего прогнозов оправдалось по сумме всех выявленных синусоид.

Средняя относительная ошибка прогнозирования оказалась больше, чем по среднему значению только при расчетах по сумме всех выявленных синусоид. Меньше, чем по среднему значению, относительная ошибка прогнозирования оказалась по сумме синусоид с кратными периодами. Еще меньшие, близкие по величине средние относительные ошибки прогнозирования получились по синусоиде с наибольшей корреляцией с временным рядом стока и по синусоиде с наибольшей корреляцией с рядом стока, в том случае, если она превышает 0,40. Самая маленькая относительная ошибка прогнозирования оказалась в результате комбинирования расчетов по сумме синусоид с кратными периодами и по синусоиде с наибольшей корреляцией с временным рядом, если она превышает 0,40.

Заключение

Временные ряды стока пятнадцати рек России проанализированы методом "Периодичностей". В колебаниях стока установлены периоды различной длины. Некоторые периоды выявлены у большего числа временных рядов, чем другие.

Наибольшая повторяемость отмечается у периодов, длительностью 3, 4, 8, 11 и 13 лет. Эти периоды выявлены у семи временных рядов. Периоды, длиной 5, 7 и 19 лет выявлены у пяти рядов. У четырех рядов установлены периоды длительностью 12 и 20 лет. Периоды, длиной 6, 9, 14, 15, 16, 18 и 29 лет выявлены у трех рядов. Два раза из пятнадцати временных рядов выявлены периоды, длиной 10, 17, 21, 27, 31 и 46 лет. Остальные периоды были выявлены только по одному разу, либо не установлены совсем.

Временные ряды стока анализировались с их начала по 2000 г. Временной интервал 2001 – 2010 гг. использовался для расчетов поверочных прогнозов и оценки результатов прогнозирования с заблаговременностью 5 и 10 лет.

Прогнозы рассчитывались по одной синусоиде с наибольшей корреляцией с временным рядом стока, по сумме всех выявленных синусоид, по синусоиде с наибольшей корреляцией с временным рядом, если она превышает 0,40, и по сумме синусоид с кратными периодами. У реки, где синусоида с корреляцией с временным рядом, большей 0,40, не была установлена, или не были выявлены синусоиды с кратными периодами, при обобщении результатов прогнозирования учитывались результаты оценки будущего стока по среднему значению. Также прогнозы оценивались по схеме комбинирования результатов расчетов по сумме синусоид с кратными периодами и по синусоиде с наибольшей корреляцией с временным рядом, если она превышает 0,40.

Прогнозы с заблаговременностью пять и десять лет оценивались по числу оправдавшихся годовых прогнозов на соответствующем интервале, а также, по относительной ошибке прогнозирования, однозначно связанной с суммой квадратов ошибок погодичных прогнозов. Прогноз на год считался оправдавшимся, если разность фактического и спрогнозированного значений стока меньше 0,674 от среднего квадратического отклонения временного ряда. Успешный долгосрочный прогноз стока должен быть не хуже его оценок по среднему значению.

Результаты поверочных прогнозов на пять и на десять лет сопоставлялись с оценками по среднему значению. При этом, прогноз по каждой из предложенных схем расчетов считался лучше, чем по среднему значению, если число оправдавшихся прогнозов больше, либо столько же, что и по среднему значению, а относительная ошибка прогнозирования меньше, чем по среднему.

Если число оправдавшихся прогнозов столько же, или меньше, чем по среднему значению, а относительная ошибка прогнозирования выше, чем по среднему, то рассчитанный прогноз оценивался как худший, по сравнению с прогнозом по среднему. Там где, оправдавшихся прогнозов больше по синусоидам, а относительная ошибка меньше по среднему значению, или наоборот, оправдавшихся прогнозов больше по среднему, а относительная ошибка прогнозирования меньше по предложенной методике, принималось, что результаты прогнозов по среднему и по предложенной методике примерно одного качества. При этом, разница в количестве оправдавшихся прогнозов по предложенной методике и по среднему значению по модулю не должна превышать 1 при расчетах на пять лет вперед и 2 при прогнозах на весь поверочный интервал.

Проводилось обобщение результатов прогнозирования на 2001 – 2005 гг. и на 2001 – 2010 гг. по всем рекам и всем предложенным схемам с целью заключения о том, какая из схем расчетов будущего стока привела к лучшим результатам. Результаты прогнозов по каждой схеме обобщались посредством сложения количеств оправдавшихся прогнозов и нахождения их общей оправдываемости, а также расчетов их средней относительной ошибки прогнозирования. Также, по каждой схеме прогнозирования по всем рекам устанавливалось, сколько прогнозов получилось лучше, чем по среднему значению, а сколько хуже.

При прогнозировании стока рек на 2001 – 2005 гг. по среднему значению оправдываемость прогнозов оказалась равной 0,480, а средняя относительная ошибка прогнозирования – 1,044. По синусоиде с наибольшей корреляцией с временным рядом оправдываемость прогнозов составила 0,493, а средняя относительная ошибка прогнозирования – 0,952. При этом, шесть прогнозов по синусоиде с наибольшей корреляцией с временным рядом получились лучше, чем по среднему значению, шесть хуже, а результаты прогнозов по трем рядам стока примерно такие же, что и по среднему.

При расчетах будущего стока по сумме всех синусоид оправдываемость прогнозов оказалась равной 0,453, а их относительная ошибка – 1,012. При этом, лучше, чем по среднему получились прогнозы по шести рядам, а хуже – по пяти, результаты прогнозов в четырех случаях по сумме всех синусоид и по среднему значению получились примерно одинаковыми по качеству.

Оправдываемость прогнозов стока рек по синусоиде с наибольшей корреляцией с временным рядом, если она превышает 0,40, с учетом оценок по среднему значению там, где синусоиды с высокой корреляцией с рядом не было выявлено, составила 0,547. Средняя относительная ошибка прогнозов по этой схеме оказалась равной 0,956. Прогнозы стока четырех рядов оказались лучше, чем по среднему, в одном случае они получились хуже. У остальных прогнозов по этой схеме результаты такие же, что и по среднему значению.

При расчетах будущего стока по сумме синусоид с кратными периодами, с учетом оценок по среднему значению временных рядов, где кратные периоды не были установлены, оправдываемость прогнозов и их средняя относительная ошибка составили соответственно 0,453 и 1,010. Прогнозы у семи рядов оказались лучше, чем по среднему значению, у трех хуже, у пяти – примерно того же качества, что и по среднему.

В результате комбинирования расчетов по синусоиде с наибольшей корреляцией с временным рядом стока, превышающей 0,40, и суммы синусоид с кратными периодами, оправдываемость прогнозов оказалась равной 0,533, а их средняя относительная ошибка – 0,924. У десяти рядов прогнозы получились лучше, чем по среднему значению, у трех – хуже.

При прогнозировании стока рек на 2001 – 2010 гг. оправдываемость прогнозов по среднему значению составила 0,540, а относительная ошибка прогнозирования – 0,993. По синусоиде с наибольшей корреляцией с временным рядом оправдываемость и относительная ошибка прогнозирования составили соответственно 0,527 и 0,920. У семи рядов прогнозы получились лучше, чем по среднему значению, у семи хуже, а в одном случае прогноз по синусоиде с наибольшей корреляцией с временным рядом оказался того же качества, что и по среднему.

Расчеты стока по сумме всех выявленных синусоид выполнены с оправдываемостью прогнозов, равной 0,500. Относительная ошибка прогнозов составила 1,014. Результаты прогнозов стока у пяти рядов оказались лучше, чем по среднему значению, а у девяти – хуже. Результаты одного прогноза по сумме всех синусоид примерно того же качества, что и по среднему значению.

По синусоиде с наибольшей корреляцией с временным рядом, если она превышает 0,40, с учетом оценок будущего стока по среднему значению, если синусоиды с такой корреляцией не было выявлено, оправдываемость прогнозов составила 0,573, а относительная ошибка прогнозирования – 0,911. Прогнозы у трех рядов оказались лучше, чем по среднему значению, а у одного хуже. У остальных рядов результаты прогнозирования такие же, как и по среднему значению.

При прогнозировании стока по сумме синусоид с кратными периодами, с учетом оценок по среднему значению у рядов, где кратные периоды не были выявлены, оправдываемость прогнозов составила 0,513. Относительная ошибка прогнозирования оказалась равной 0,977. У четырех рядов прогнозы оказались лучше, чем по среднему значению, а у шести нет. Пять прогнозов по этой схеме оказались примерно такими же по качеству, что и по среднему значению.

При комбинировании результатов расчетов по синусоиде с наибольшей корреляцией с временным рядом, если она превышает 0,40, и суммы синусоид с кратными периодами оправдываемость прогнозов составила 0,573. Относительная ошибка прогнозирования оказалась равной 0,898. У семи рядов прогнозы оказались лучше, чем по среднему значению, у шести нет. У двух рядов прогнозы по комбинированной схеме и по среднему значению оказались примерно одного качества.

Прогнозы стока по предложенным методикам и схемам расчетов для всех рек можно сопоставить по трем критериям – по общей оправдываемости прогнозов, их средней относительной ошибке и по разности прогнозов, оказавшихся соответственно лучше и хуже, чем по среднему значению. Первые два критерия прогноза по предложенным схемам могут быть сопоставлены с обобщенными результатами прогнозирования по среднему значению, третий критерий уже связан с таким сопоставлением.

Получено, что по всем трем критериям прогнозы стока на 2001 – 2005 гг. оказались лучше, чем по среднему значению при оценках стока по двум схемам. Одна из них – комбинирование расчетов по сумме синусоид с кратными периодами и по синусоиде с наибольшей корреляцией с временным рядом, превышающей 0,40. Другая – расчеты по синусоиде с наибольшей корреляцией с временным рядом, превышающей 0,40, с учетом оценок по среднему значению у рядов, где синусоиды с такой корреляцией не выявлено.

При расчетах стока по одной синусоиде с наибольшей корреляцией с временным рядом (при любом ее значении) полученные результаты прогноза лучше оценок по среднему значению только по двум критериям из трех – по оправдываемости и по относительной ошибке. Число рядов, у которых прогнозы лучше, чем по среднему значению, оказалось равным числу рядов с результатами прогнозирования, худшими, чем по среднему значению.

В результате расчетов по сумме всех синусоид и по сумме синусоид с кратными периодами, с учетом оценок стока по среднему значению у рядов, где кратных периодов не выявлено, прогнозы также оказались лучше, чем по среднему значению по двум критериям из трех. Общая оправдываемость прогнозов по этим методикам оказалась хуже, чем по среднему значению.

При расчетах стока на 2001 – 2010 гг. прогнозы оказались лучше, чем по среднему значению по всем трем критериям по тем же двум схемам, что и при прогнозировании с заблаговременностью пять лет. По синусоиде с наибольшей корреляцией с временным рядом оправдываемость прогнозов оказалась ниже, чем по среднему значению, но и средняя относительная ошибка прогнозирования также получилась ниже. Количества рядов, у которых прогноз по этой схеме соответственно лучше и хуже, чем по среднему значению, равны между собой.

По сумме синусоид с кратными периодами результаты прогнозирования оказались лучше, чем по среднему значению только по одному критерию – по средней относительной ошибке прогнозирования. Прогнозы по сумме всех выявленных синусоид оказались хуже, чем по среднему значению, по всем трем критериям.

Таким образом, при прогнозировании стока рек на 2001 – 2005 гг. прогнозы по всем пяти предложенным схемам оказались лучше, чем по среднему значению. По любой методике прогнозы лучше, чем по среднему, не менее, чем по двум критериям из трех. Принимая во внимание, как эти качественные критерии, так и обобщенные количественные характеристики прогнозирования, методики и схемы расчетов можно расположить в порядке возрастания успешности прогнозов.

Наименее успешными следует считать прогнозы по сумме всех синусоид. При тех же качественных критериях, более успешным можно считать прогноз по сумме синусоид с кратными периодами, с учетом оценок по среднему значению временных рядов, если кратные периоды не были выявлены. По сумме синусоид с кратными периодами получилась меньше относительная ошибка прогнозирования и больше разность количества прогнозов (определенных как лучшие и худшие, чем по среднему значению), чем по сумме всех синусоид.

Лучше, чем по сумме синусоид с кратными периодами оказались прогнозы по синусоиде с наибольшей корреляцией с временным рядом при любом ее значении. Самые лучшие по качественным критериям прогнозы получились при расчетах по синусоиде с наибольшей корреляцией с временным рядом, если она превышает 0,40, и по комбинированию расчетов по этой синусоиде и сумме синусоид с кратными периодами.

Оправдываемость прогнозов по синусоиде с наибольшей корреляцией с временным рядом, если она превышает 0,40, немного больше, чем по схеме ее комбинирования с суммой синусоид с кратными периодами. Но, средняя относительная ошибка прогнозирования меньше, а разность количеств прогнозов, лучших и худших, чем по среднему значению, больше по комбинированию расчетов по сумме синусоид с кратными периодами и синусоиды, с корреляцией с рядом, превышающей 0,40. Поэтому, можно заключить, что результаты прогнозов по этой комбинированной схеме лучше, чем по синусоиде с наибольшей корреляцией с рядом стока, превышающей 0,40 (с учетом оценок по среднему значению у рядов, у которых синусоиды с такой высокой корреляцией не выявлено).

При прогнозировании стока на 2001 – 2010 гг. методики прогнозов в зависимости от их результатов, в целом, выстраиваются в ту же последовательность, что и при прогнозах с заблаговременностью пять лет. Только прогнозы по сумме всех синусоид и по сумме синусоид с кратными периодами следует оценивать как хуже, чем по среднему значению.

Результаты прогнозов по среднему значению и по синусоиде с наибольшей корреляцией с временным рядом (при любом ее значении) примерно соответствуют друг другу. Прогнозы по синусоиде с наибольшей корреляцией с временным рядом, если она превышает 0,40, и по комбинированию расчетов по этой синусоиде и сумме синусоид с кратными периодами по всем трем качественным критериям получились лучше, чем по среднему значению.

Оправдываемость прогнозов по синусоиде с наибольшей корреляцией с рядом стока, превышающей 0,40 (с учетом прогнозных оценок по среднему значению у рядов, где синусоиды с такой высокой корреляцией не выявлено), такая же, что и по схеме ее комбинирования с суммой синусоид с кратными периодами. Средняя относительная ошибка прогнозирования по синусоиде с такой высокой корреляцией больше, чем по схеме ее совмещения с суммой синусоид с кратными периодами, и, разность прогнозов, лучших и худших, чем по среднему значению, по такой синусоиде также больше. Поэтому, обобщенные результаты прогнозирования по этим двум методикам следует оценивать, как примерно одного качества.

Следует пояснить, за счет чего при комбинировании расчетов по сумме синусоид с кратными периодами и по синусоиде с корреляцией большей 0,40 получились лучшие прогнозы. У трех рядов из пятнадцати – у стока рек Енисея, Невы и Селенги кратные периоды выявлены не были. Но у этих рядов были установлены синусоиды, чья корреляция с рядом превышает 0,40. Прогнозы по этим синусоидам по каждому ряду оказались лучше, чем по среднему значению. Замена этими результатами оценок по средним значениям существенно улучшили обобщенные результаты прогнозирования по сумме синусоид с кратными периодами.

Также отметим, что плохие прогнозы с заблаговременностью пять и десять лет, снижающие обобщенные результаты прогнозирования, по всем схемам характерны для стока Оби и Волги. Измерительные посты на этих реках фиксируют сток, зарегулированный в результате создания водохранилищ и других факторов хозяйственной деятельности. Возможно, что именно регулирование стока водохранилищами нарушает его цикличность, и фактическая его динамика закономерно отличается от прогнозных значений.

Исследование проведено при поддержке гранта DAAD и Министерства образования и науки Российской Федерации PKZ: A/13/74537.

Литература

1. Алёхин Ю.М. Статистические прогнозы в геофизике. – Л.: Изд-во ЛГУ, 1963. – 82 с.

2. Антонов В.С. Проблема уровня Каспийского моря и сток северных рек // Труды ААНИИ, 1999, т. 441, с. 181–195.

3. Апполов Б.А., Алексеева К.И. Прогноз уровня Каспийского моря // Труды океанографической комиссии АН СССР. – Проблема Каспийского моря, 1959, т.5. – 61 с.

4. Апполов Б.А., Калинин Г.П., Комаров В.Д. Курс гидрологических прогнозов. – Л.: Гидрометеоиздат, 1974. – 419 с.

5. Афанасьев А.Н. Колебания гидрометеорологического режима на территории СССР. – М.: Наука, 1967. – 230 с.

6. Бабкин А.В. Усовершенствованная модель оценки периодичности изменений уровня и элементов водного баланса Каспийского моря. // Метеорология и гидрология, 2005, N11, с. 63–73.

7. Бабкин А.В. Методика долгосрочного прогноза уровня Ладожского озера и стока р. Невы. // Ученые записки РГГМУ, 2008, N8, с. 31–37.

8. Белинский Н.А., Калинин Г.П. О прогнозах колебания уровня Каспийского моря // Труды НИУ ГУГМС, 1946, сер. IV, вып. 37. – 36 с.

9. Голицын Г.С., Ефимова Л.К., Мохов И.И. и др. Гидрологические режимы Ладожского и Онежского озер и их изменения. // Водные ресурсы, 2002, N2, с. 168–173.

10. Голяндина Н.С. Метод "Гусеница" – SSA: прогноз временных рядов. – СПб.: НИИХ СПбГУ, 2004. – 50 с.

11. Догановский А.М. Многолетние колебания уровня Ладожского озера // Современные проблемы гидрометеорологии. – СПб.: Изд. РГГМУ, 2006, вып. 6, с. 175–183.

12. Дружинин И.П., Сазонов Б.И., Ягодинский В.Н. Космос – Земля. Прогнозы. – М.: Мысль, 1974. – 288 с.

13. Линник Ю.В. Метод наименьших квадратов. – М.: Наука, 1962. – 350 с.

14. Мещерская А.В., Белянкина И.Г. и др. Усовершенствованный метод долгосрочного прогноза уровня Каспийского моря по метеорологическим данным // Труды ГГО, 1999, вып. 547, с. 66–78.

15. Некруткин В.В. Аппроксимирующие пространства и продолжения временных рядов. – СПб.: НИИХ СПбГУ, 1999, с. 3–32.

16. Раткович Д.Я. Гидрологические основы водообеспечения. – М.: Изд-во ИВП РАН, 1993. – 430 с.

17. Саруханян Э.И., Смирнов Н.П. Многолетние колебания стока Волги. – Л.: Гидрометеоиздат, 1971. – 166 с.

18. Сикан А.В. Стохастическая модель многолетних колебаний речного стока и методика оценки ее параметров. // Ученые записки РГГМУ, 2008, N8, с. 21–27.

19. Шикломанов И.А., Георгиевский В.Ю., Ежов А.В. Вероятностный прогноз уровня Каспийского моря // Гидрологические аспекты проблем Каспийского моря и его бассейна. – СПб.: Гидрометеоиздат, 2003, с. 323–340.

20. Шлямин Б.А. Сверхдолгосрочный прогноз уровня Каспийского моря. // Изв. ВГО, 1962, т. 94, вып. 1, с. 26–33.

21. Шнитников А.В. Внутривековая изменчивость общей увлажненности бассейна Ладожского озера (Сб. статей "Гидрологический режим и водный баланс Ладожского озера"). – Л.: Изд-во ЛГУ, 1966, с. 5–57.

22. Эйгенсон М.С. Солнце, погода, климат. – Л.: Гидрометеоиздат, 1963. – 274 с.

Приложение 1. Результаты анализа и прогнозирования временных рядов речного стока

Таблица 1. Временные ряды стока рек

N	Река, пост	t_0, год	$Q_{ср}$, км^3/год	σ, км^3/год	Δ, км^3/год
1.	Амур, Хабаровск	1897	265,88	56,17	37,86
2.	Ангара, Богучаны	1930	111,73	13,83	9,32
3.	Волга, Волгоградская ГЭС	1879	252,32	45,12	30,41
4.	Дон, Раздорская	1891	24,42	9,20	6,20
5.	Енисей, Игарка	1936	581,06	42,40	28,58
6.	Иртыш, Тобольск	1891	67,63	16,71	11,26
7.	Колыма, Среднеколымск	1930	70,21	16,03	10,80
8.	Кубань, Краснодар	1912	12,42	2,40	1,62
9.	Нева, Новосаратовка	1859	78,77	12,78	8,61
10.	Неман, Смалининкай	1859	17,08	2,67	1,80
11.	Обь, Салехард	1930	396,82	58,92	39,71
12.	Печора, Усть-Цильма	1930	107,36	14,01	9,44
13.	Северная Двина, Усть-Пинега	1882	104,93	19,72	13,29
14.	Селенга, Мостовой	1932	29,55	6,57	4,43
15.	Терек, Котляревская	1930	4,37	0,68	0,46

Таблица 2. Синусоидальная аппроксимация временных рядов стока Амура и Ангары

T, год	Q_{01}, км³/год	$\delta Q_1/2$, км³/год	φ_{Q1}, радиан	S_{Q1}, (км³/год)²	Q_{02}, км³/год	$\delta Q_2/2$, км³/год	φ_{Q2}, радиан	S_{Q2}, (км³/год)²
1	2	3	4	5	6	7	8	9
3,0	**265,87**	**5,87**	**-,2157**	**326357,7**	111,75	2,23	,5038	13405,68
4,0	265,88	4,71	1,5308	327010,9	**111,78**	**4,14**	**,6130**	**12977,10**
5,0	**265,95**	**12,31**	**-,6343**	**320263,5**	111,74	0,61	-1,1327	13569,71
6,0	265,76	7,41	-,3237	325287, 0	111,70	2,22	1,9198	13410,24
7,0	**265,92**	**8,62**	**3,5562**	**324277,7**	**111,73**	**4,24**	**1,9048**	**12954,20**
8,0	265,88	6,23	-1,2381	326147,2	111,74	2,59	-,4785	13342,94
9,0	**266,10**	**11,20**	**-,7930**	**321646,9**	**111,68**	**6,23**	**3,5047**	**12200,00**
10,0	265,89	5,28	,8843	326728,2	111,70	2,66	1,9032	13328,64
11,0	266,13	12,99	-,2610	319409,1	111,77	1,70	-,4494	13481,11
12,0	265,58	16,12	,1732	314584,4	111,72	1,62	-,9071	13489,31
13,0	265,88	15,52	3,7214	315645,2	**111,66**	**1,73**	**3,0637**	**13477,23**
14,0	265,59	11,62	2,6505	321172,6	111,72	1,30	2,3203	13522,25
15,0	**265,96**	**12,67**	**4,5423**	**319822,4**	111,81	2,37	-,7186	13382,87
16,0	266,03	7,83	-1,3528	324975,7	111,88	4,86	,7298	12754,74
17,0	265,82	3,34	3,9645	327574,1	111,84	7,08	2,1900	11848,00
18,0	266,09	9,87	-,9096	323071,3	**111,69**	**7,94**	**-1,4762**	**11322,44**
19,0	**266,08**	**12,94**	**3,0805**	**319497,5**	111,52	7,85	3,1905	11342,13
20,0	265,80	13,02	3,4425	319600,8	111,48	7,20	4,3101	11730,61
21,0	265,97	13,32	,5832	318929,4	111,57	6,15	2,3762	12278,78
22,0	266,71	17,28	1,5019	313101,3	111,67	4,80	4,0746	12803,74
23,0	267,36	21,31	,3712	304894,8	111,73	3,42	3,5035	13178,58
24,0	267,39	23,83	3,6239	297936,3	111,73	2,39	1,0203	13377,92
25,0	266,83	25,70	-1,1209	292796,1	111,67	1,88	3,1404	13456,18
26,0	265,88	27,29	-1,1181	289429,2	111,61	1,71	3,6157	13482,79
27,0	264,84	28,12	3,7901	288492,9	111,58	1,54	2,5358	13503,27
28,0	264,06	27,56	1,1837	290565,4	111,59	1,23	,0736	13531,59
29,0	263,74	25,69	3,7622	295024,4	111,64	0,79	2,6079	13560,99
30,0	263,87	23,20	-,9269	300384,5	111,72	0,39	3,5356	13577,72
31,0	264,27	20,76	-,2254	305474,1	111,79	0,63	2,9999	13568,89
32,0	264,77	18,61	-,3417	309860,7	111,84	1,26	2,5675	13524,55
33,0	265,26	16,70	-1,2067	313542,5	111,86	1,98	1,5883	13437,46
34,0	265,67	14,91	3,5338	316595,2	111,85	2,77	-,0298	13302,63
35,0	265,96	13,24	1,3860	319031,6	111,78	3,60	4,0238	13117,17
36,0	266,10	11,79	-1,2977	320805,8	111,67	4,48	1,2264	12880,87
52,0					**109,41**	**10,91**	**-,2421**	**9371,82**
59,0	**268,42**	**22,78**	**,9841**	**303455,1**				

T, год				η	T, год			η
27,0				,3477	52,0			,5568
59,0				,2744	18,0			,4080
12,0				,2034	9,0			,3191
19,0				,1625	7,0			,2152
15,0				,1594	4,0			,2112
5,0				,1552	13,0			,0882
9,0				,1409				
7,0				,1088				
3,0				,0742				

T, год	Q_{03}, км^3/год	$\delta Q_3/2$, км^3/год	φ_{Q3}, радиан	S_{Q3}, (км^3/год)^2	Q_{04}, км^3/год	$\delta Q_4/2$, км^3/год	φ_{Q4}, радиан	S_{Q4}, (км^3/год)^2
1	2	3	4	5	6	7	8	9
3,0	252,37	6,95	1,3239	245433,7	24,44	1,45	1,7264	9193,582
4,0	252,33	9,62	4,0493	242712,4	24,41	1,17	1,8215	9232,640
5,0	252,32	7,20	3,7505	245208,3	24,42	2,07	-,7248	9072,676
6,0	252,31	3,36	-1,3575	247674,0	24,40	1,25	-,3273	9222,277
7,0	252,07	14,16	3,9789	236084,9	24,41	0,81	-1,1659	9272,813
8,0	252,35	3,35	4,1421	247675,6	24,41	2,31	-1,3954	9010,872
9,0	252,21	6,21	2,2988	246007,6	24,44	1,42	2,8968	9197,428
10,0	252,38	7,54	3,9678	244914,8	24,42	1,44	2,9675	9193,694
11,0	252,33	11,96	1,0602	239702,6	24,42	1,89	-,4232	9112,134
12,0	252,24	4,79	3,7508	246939,7	24,42	3,16	2,3288	8768,978
13,0	252,53	15,16	-,7633	234442,3	24,43	3,21	-,8699	8742,736
14,0	252,22	13,30	3,1831	237388,5	24,41	2,09	3,6676	9065,238
15,0	252,40	11,43	3,9267	240461,0	24,47	1,58	3,9752	9169,463
16,0	251,84	14,87	3,9286	234978,0	24,37	3,22	4,0057	8748,289
17,0	252,03	14,90	-1,5005	234729,5	24,27	3,13	-1,4498	8771,176
18,0	252,60	13,58	,8246	237093,4	24,39	1,70	,9757	9145,978
19,0	252,64	13,83	-,9963	236784,8	24,44	1,15	,2588	9233,824
20,0	252,42	14,13	-,3289	236285,0	24,41	2,18	1,5096	9045,839
21,0	252,07	13,15	3,3849	237748,5	24,41	2,79	-,8274	8893,974
22,0	251,83	11,57	4,4561	240219,0	24,42	2,57	,3581	8945,165
23,0	251,93	9,34	3,2471	242990,3	24,39	1,99	-,8894	9085,231
24,0	252,21	7,39	,0157	244992,8	24,35	1,46	1,9678	9191,527
25,0	252,46	6,26	1,3746	246015,5	24,34	1,16	2,8309	9232,681
26,0	252,63	5,98	1,3054	246240,5	24,37	1,29	2,1230	9214,628
27,0	252,75	6,74	-,0782	245615,2	24,40	1,57	,3151	9173,187
28,0	252,80	8,50	3,5515	243918,2	24,44	1,71	3,6994	9145,032
29,0	252,75	10,90	-,2841	241000,1	24,44	1,72	-,2825	9139,396
30,0	252,51	13,62	1,1094	236937,4	24,43	1,67	1,0131	9148,357
31,0	252,07	16,42	1,5795	232099,9	24,41	1,61	1,4084	9163,962
32,0	251,49	18,90	1,2366	227285,0	24,38	1,52	,9960	9182,479
33,0	250,94	20,59	,1639	223599,6	24,37	1,41	-,1584	9201,503
34,0	250,57	21,19	4,7073	221881,4	24,37	1,29	4,2797	9218,297
35,0	250,47	20,81	2,3511	222247,3	24,38	1,19	1,7987	9230,826
36,0	250,61	19,76	-,5771	224230,6	24,41	1,12	-1,2521	9238,913
56,0	251,69	8,25	4,0684	244004,2				
117,0					24,38	3,70	-,9742	8509,146

T, год				η	T, год			η
34,0				,3265	117,0			,2930
13,0				,2367	13,0			,2465
17,0				,2342	16,0			,2452
7,0				,2223	21,0			,2109
20,0				,2205	8,0			,1787
11,0				,1867	5,0			,1590
4,0				,1507	29,0			,1346
56,0				,1324	3,0			,1109

Таблица 4. Синусоидальная аппроксимация временных рядов стока Енисея и Иртыша

T, год	Q_{05}, км³/год	$\delta Q_5/2$, км³/год	φ_{Q5}, радиан	S_{Q5}, (км³/год)²	Q_{06}, км³/год	$\delta Q_6/2$, км³/год	φ_{Q6}, радиан	S_{Q6}, (км³/год)²
1	2	3	4	5	6	7	8	9
3,0	**581,26**	**13,03**	**1,7172**	**111426,2**	67,64	0,45	2,6498	30690,32
4,0	581,12	7,04	3,6878	115263,7	**67,63**	**2,35**	**3,8352**	**30396,66**
5,0	**581,06**	**7,37**	**3,5999**	**115096,9**	67,63	2,09	4,1171	30460,48
6,0	581,03	4,43	2,5705	116220,2	67,62	1,32	,8255	30606,31
7,0	581,12	2,14	,7619	116709,7	67,59	4,64	4,1938	29511,97
8,0	**581,01**	**8,29**	**2,7226**	**114651,1**	**67,66**	**4,93**	**-,8118**	**29350,48**
9,0	581,05	2,20	1,9191	116707,5	67,67	2,42	3,9108	30376,21
10,0	580,89	6,60	1,7999	115446,6	67,63	2,21	2,6872	30431,73
11,0	580,91	11,49	-,4792	112609,1	**67,63**	**7,27**	**,7849**	**27797,74**
12,0	**579,83**	**22,20**	**-1,3312**	**100723,8**	67,64	4,00	-,7219	29834,89
13,0	581,06	22,14	2,4417	100936,9	67,50	3,67	3,9938	29959,79
14,0	582,12	17,05	1,1978	107745,7	67,68	4,35	2,6331	29659,59
15,0	581,82	11,87	3,5563	112175,8	67,70	4,98	4,6742	29357,99
16,0	581,23	11,05	-1,2966	112844,2	67,58	5,47	-1,1959	29044,44
17,0	580,55	13,02	,3574	111497,3	67,38	5,80	-,6946	28854,2 0
18,0	580,04	14,99	3,3220	109701,0	67,53	5,80	1,0484	28821,17
19,0	**580,05**	**16,01**	**1,8706**	**108599,8**	67,83	6,21	-1,3272	28620,46
20,0	580,42	16,03	3,1508	108674,5	67,91	6,39	-,8712	28467,14
21,0	580,85	14,69	1,2973	109964,5	**67,81**	**6,41**	**2,9788**	**28454,08**
22,0	581,13	12,36	3,0636	111842,6	67,63	6,13	4,4000	28634,87
23,0	581,15	9,89	2,5750	113526,5	67,42	5,97	3,6233	28775,64
24,0	580,96	8,05	,1441	114641,2	67,26	5,86	,8137	28849,87
25,0	580,68	7,00	2,2438	115245,0	67,26	5,60	2,4796	28957,36
26,0	580,48	6,37	2,7310	115566,4	67,37	5,29	2,5492	29115,58
27,0	580,42	5,78	1,7786	115778,9	67,54	4,96	1,1821	29326,97
28,0	580,47	5,19	-,4392	115957,4	67,72	4,52	-1,4796	29596,29
29,0	580,61	4,64	2,5001	116126,0	67,83	3,92	,9782	29895,69
30,0	580,78	4,10	4,4255	116293,4	67,87	3,20	2,3740	30165,91
31,0	580,94	3,52	-,8295	116454,2	67,85	2,54	2,7766	30355,49
32,0	581,04	2,94	-,5514	116581,9	67,80	2,14	2,2603	30450,52
33,0	581,06	2,64	-,8675	116631,6	67,74	2,07	,9768	30469,08
34,0	580,99	3,07	4,4639	116550,6	67,70	2,21	-,9047	30441,10
35,0	580,80	4,26	2,6985	116292,9	67,67	2,40	2,9740	30393,61
36,0	580,50	5,88	,1821	115830,5	67,65	2,57	,0715	30343,96
46,0					67,31	3,50	-1,0231	30037,15
86,0	**588,99**	**31,03**	**-,3322**	**93123,23**				

T, год				η	T, год			η
86,0				,4507	11,0			,3075
12,0				,3716	21,0			,2705
19,0				,2659	8,0			,2098
3,0				,2157	46,0			,1471
8,0				,1375	4,0			,0996
5,0				,1229				

Таблица 5. Синусоидальная аппроксимация временных рядов стока Колымы и Кубани

T, год	Q_{07}, км^3/год	$\delta Q_7/2$, км^3/год	φ_{Q7}, радиан	S_{Q7}, (км^3/год)^2	Q_{08}, км^3/год	$\delta Q_8/2$, км^3/год	φ_{Q8}, радиан	S_{Q8}, (км^3/год)^2
1	2	3	4	5	6	7	8	9
3,0	**70,24**	**5,40**	**,4087**	**17196,08**	12,43	0,21	2,3294	511,6576
4,0	70,16	4,79	3,8688	17427,83	12,42	0,74	1,3995	488,9691
5,0	70,18	2,03	1,5257	18092,17	**12,43**	**1,13**	**-1,0169**	**455,8529**
6,0	**70,13**	**6,17**	**1,7205**	**16908,46**	12,42	0,39	,0861	506,8583
7,0	70,23	1,29	,2068	18179,99	12,44	0,63	1,4828	496,0191
8,0	70,24	2,50	,3907	18020,45	**12,44**	**0,98**	**-1,3579**	**470,4974**
9,0	**70,14**	**5,87**	**3,2151**	**17025,28**	12,42	0,43	2,5923	505,4188
10,0	70,22	4,06	3,3188	17662,69	12,43	0,11	,5976	513,0981
11,0	69,94	5,69	4,0517	17089,76	12,42	0,28	2,7100	510,1124
12,0	70,27	5,02	3,6436	17352,00	12,43	0,57	3,0680	499,4926
13,0	70,30	1,69	,1363	18138,52	**12,42**	**0,66**	**,1687**	**493,7059**
14,0	**70,22**	**3,73**	**4,1115**	**17751,84**	12,42	0,24	-1,3220	511,0295
15,0	70,18	3,61	,1881	17762,55	12,42	0,22	3,1024	511,5619
16,0	70,10	2,10	2,0653	18083,36	**12,42**	**0,35**	**4,2703**	**508,2076**
17,0	70,11	3,00	-1,4843	17917,79	12,42	0,32	-,4579	509,1254
18,0	70,25	5,03	1,4759	17336,61	12,42	0,33	2,4435	508,8742
19,0	**70,40**	**5,99**	**-,0229**	**16942,43**	12,41	0,40	,7881	506,2534
20,0	70,43	6,01	1,1416	16950,00	12,42	0,51	1,4983	502,3244
21,0	70,37	5,29	-,7987	17274,15	12,43	0,63	-,9239	496,8712
22,0	70,29	3,93	,8479	17715,43	12,43	0,72	,2950	491,0792
23,0	70,23	2,27	,1766	18061,58	12,41	0,79	-,7880	485,7782
24,0	70,21	0,75	4,0014	18219,94	12,39	0,84	2,4420	481,8515
25,0	70,24	0,75	1,5901	18220,37	**12,37**	**0,86**	**3,9577**	**481,2445**
26,0	70,30	1,75	2,0038	18130,21	12,37	0,81	3,9293	484,6225
27,0	70,37	2,55	,8066	18006,94	12,38	0,72	2,4904	490,5872
28,0	70,42	3,15	4,6100	17889,61	12,40	0,60	-,2331	497,1447
29,0	70,44	3,55	,9923	17801,70	12,41	0,49	2,1659	502,9438
30,0	70,44	3,76	2,6306	17754,53	12,43	0,38	3,5103	507,4382
31,0	**70,42**	**3,80**	**3,3367**	**17749,22**	12,44	0,27	3,8521	510,4554
32,0	70,38	3,68	3,1941	17778,44	12,43	0,20	3,1473	511,9041
33,0	70,34	3,45	2,2773	17829,92	12,43	0,20	1,4979	511,7999
34,0	70,29	3,16	,6523	17890,93	12,41	0,27	-,5918	510,3639
35,0	70,24	2,85	4,6620	17951,62	12,40	0,36	3,2260	507,9977
36,0	70,19	2,57	1,7939	18006,06	12,39	0,44	,2997	505,1513
48,0					12,48	0,79	3,6275	487,3627
62,0	**70,17**	**2,72**	**-1,0865**	**18004,84**				
84,0					12,43	0,79	1,1791	487,4985

T, год				η	T, год			η
6,0				,2702	5,0			,3354
19,0				,2667	8,0			,2898
9,0				,2581	25,0			,2511
11,0				,2511	48,0			,2262
3,0				,2392	84,0			,2256
31,0				,1640	13,0			,1970
14,0				,1636	16,0			,1028
62,0				,1135				

Таблица 6. Синусоидальная аппроксимация временных рядов стока Невы и Немана

T, год	Q_{09}, км^3/год	$\delta Q_9/2$, км^3/год	φ_{Q9}, радиан	S_{Q9}, (км^3/год)^2	Q_{010}, км^3/год	$\delta Q_{10}/2$, км^3/год	φ_{Q10}, радиан	S_{Q10}, (км^3/год)^2
1	2	3	4	5	6	7	8	9
3,0	78,78	0,90	-,0980	23129,29	17,08	0,09	3,6566	1012,9310
4,0	78,77	1,59	3,5003	23007,93	**17,08**	**0,40**	**4,1935**	**1001,9670**
5,0	**78,75**	**3,49**	**3,0382**	**22323,04**	17,08	0,20	,1732	1010,6750
6,0	78,80	2,02	4,4987	22898,29	**17,08**	**0,64**	**,8089**	**984,1991**
7,0	78,76	0,76	4,3672	23146,00	17,08	0,42	2,3948	1001,3930
8,0	**78,79**	**3,60**	**1,5451**	**22259,23**	17,08	0,87	4,2872	960,1769
9,0	78,76	1,02	1,3617	23113,79	17,08	0,63	3,1922	984,8391
10,0	78,79	1,53	-1,5661	23020,06	17,08	0,25	3,5453	1009,0240
11,0	**78,81**	**5,01**	**2,1382**	**21415,79**	17,09	0,75	1,6785	973,6759
12,0	78,78	0,80	3,1923	23142,99	17,09	0,33	3,2402	1005,7760
13,0	**78,76**	**3,14**	**4,4126**	**22486,75**	17,08	0,45	4,4926	998,9668
14,0	78,77	0,47	,8124	23171,93	17,08	0,12	4,4012	1012,5930
15,0	**78,84**	**2,11**	**4,2240**	**22871,34**	17,11	0,65	3,7882	983,3876
16,0	78,75	1,98	3,4445	22910,73	**17,07**	**0,81**	**3,4831**	**967,2683**
17,0	**78,79**	**2,01**	**2,8830**	**22905,97**	17,08	0,40	3,3272	1002,2580
18,0	78,77	0,54	3,8775	23166,89	17,08	0,20	3,3291	1010,6470
19,0	78,81	1,91	-,7833	22930,22	**17,08**	**0,30**	**,0113**	**1007,0470**
20,0	**78,79**	**2,88**	**-,3680**	**22601,29**	17,08	0,25	-,1761	1009,2630
21,0	78,74	2,43	3,4126	22762,05	17,08	0,24	2,3781	1009,6740
22,0	78,74	1,79	4,6104	22962,54	17,07	0,43	2,9675	1000,6450
23,0	78,74	1,64	3,0944	22996,86	17,07	0,65	1,7773	983,5178
24,0	78,81	2,79	-,5691	22640,31	17,10	0,88	-1,2432	958,9544
25,0	79,00	4,89	,6110	21539,29	17,13	1,08	,2455	932,5798
26,0	79,16	6,80	,3546	19901,89	**17,15**	**1,16**	**,1452**	**918,7902**
27,0	79,13	8,16	-1,2581	18330,95	17,13	1,12	-1,3408	921,6796
28,0	78,90	9,08	2,1847	17256,29	17,10	1,03	2,2228	936,6960
29,0	**78,58**	**9,42**	**4,5291**	**17011,61**	17,07	0,88	4,6859	959,1063
30,0	78,33	8,93	-,3959	17744,96	17,05	0,67	-,0834	982,2391
35,0	78,75	1,96	1,1574	22911,73	17,09	0,41	3,0736	1001,7900
36,0	78,78	1,22	-1,2713	23081,11	**17,08**	**0,42**	**,2683**	**1000,7470**
42,0	**78,62**	**2,64**	**4,2292**	**22697,39**				
57,0					17,03	0,58	1,7490	990,0088
130,0	**78,74**	**3,84**	**4,2459**	**22220,12**				
135,0					17,11	0,80	,6947	968,4175

T, год				η	T, год			η
29,0				,5161	26,0			,3057
11,0				,2764	8,0			,2294
130,0				,2043	16,0			,2136
8,0				,2001	135,0			,2110
5,0				,1931	11,0			,1983
13,0				,1738	6,0			,1701
20,0				,1590	57,0			,1523
42,0				,1454	13,0			,1198
15,0				,1168	36,0			,1123
17,0				,1102	4,0			,1068
					19,0			,0799

Таблица 7. Синусоидальная аппроксимация временных рядов стока Оби и Печоры

T, год	Q_{011}, км³/год	$\delta Q_{11}/2$, км³/год	φ_{Q11}, радиан	S_{Q11}, (км³/год)²	Q_{012}, км³/год	$\delta Q_{12}/2$, км³/год	φ_{Q12}, радиан	S_{Q12}, (км³/год)²
1	2	3	4	5	6	7	8	9
3,0	396,84	7,72	,1930	244339,5	107,35	1,06	-,3938	13897,97
4,0	**396,77**	**16,20**	**4,4770**	**237048,3**	**107,29**	**5,24**	**3,5633**	**12971,85**
5,0	396,70	9,46	1,9505	243269,2	107,39	3,12	3,8519	13593,36
6,0	396,86	11,94	3,3601	241356,3	107,33	2,43	,8833	13729,69
7,0	**396,58**	**22,02**	**4,0414**	**229211,5**	107,36	2,61	-1,3400	13699,31
8,0	396,73	15,63	-1,1946	237726,5	**107,29**	**6,75**	**3,2210**	**12324,77**
9,0	396,78	9,65	3,9092	243133,3	107,37	1,35	-1,2425	13873,48
10,0	396,68	18,72	2,5553	234110,2	107,38	2,54	-,6032	13710,56
11,0	397,93	24,08	,3481	225865,5	**107,42**	**2,70**	**-,4278**	**13680,08**
12,0	**396,45**	**34,47**	**-,6862**	**204423,2**	107,34	2,65	-,9124	13687,58
13,0	395,45	28,53	3,1437	217652,5	107,39	0,66	1,1769	13922,88
14,0	396,57	19,40	2,0860	232995,2	107,39	2,45	-1,1389	13724,27
15,0	397,43	13,06	4,3250	240596,5	**107,24**	**2,61**	**1,2133**	**13704,64**
16,0	397,13	9,40	-1,4858	243372,6	107,24	1,67	2,9229	13839,37
17,0	396,73	12,16	-,7456	241397,6	107,32	1,84	-1,0816	13819,86
18,0	**396,93**	**13,85**	**1,5259**	**239634,4**	**107,37**	**2,20**	**1,8019**	**13764,73**
19,0	397,48	13,29	-,4036	240300,2	107,40	1,99	,1579	13793,40
20,0	397,73	10,66	,2755	242553,2	107,43	1,46	,9780	13862,13
21,0	397,51	8,77	3,8088	243732,5	107,44	1,00	4,5693	13902,07
22,0	397,11	11,53	4,6847	241925,6	107,43	1,20	-,9612	13886,43
23,0	396,84	15,78	3,5903	237879,7	107,39	1,61	4,2524	13846,17
24,0	396,87	19,16	,5930	233279,8	**107,35**	**1,77**	**1,3723**	**13825,99**
25,0	397,26	21,80	2,1343	229031,5	107,31	1,64	3,0585	13840,84
26,0	397,88	23,99	2,1316	225529,7	107,30	1,28	3,2018	13878,66
27,0	398,51	25,56	,7624	223182,1	107,31	0,76	2,0381	13917,48
28,0	**398,96**	**26,24**	**4,4510**	**222310,2**	107,33	0,28	,5337	13935,65
29,0	399,15	25,99	,7446	222904,6	107,34	0,79	4,4770	13916,55
30,0	399,10	24,96	2,3067	224624,7	107,35	1,60	-,0404	13852,17
31,0	398,86	23,42	2,9415	226971,8	107,36	2,41	,6935	13745,98
32,0	398,49	21,69	2,7305	229476,2	107,36	3,14	,5707	13612,12
33,0	398,04	20,04	1,7509	231817,9	107,35	3,75	-,3170	13469,96
34,0	397,55	18,60	,0764	233856,5	107,35	4,20	4,3842	13337,03
35,0	397,06	17,41	4,0573	235587,0	107,36	4,51	2,1676	13224,71
36,0	396,59	16,39	1,1864	237071,7	107,37	4,72	-,6312	13137,68
40,0					**107,52**	**4,94**	**2,0753**	**13009,83**
T, год				η	T, год			η
12,0				,4131	8,0			,3402
28,0				,3131	4,0			,2633
7,0				,2647	40,0			,2581
4,0				,1956	11,0			,1361
18,0				,1667	15,0			,1295
					18,0			,1116
					24,0			,0897

Таблица 8. Синусоидальная аппроксимация временных рядов стока Северной Двины и Селенги

T, год	Q_{013}, км^3/год	$\delta Q_{13}/2$, км^3/год	φ_{Q13}, радиан	S_{Q13}, (км^3/год)^2	Q_{014}, км^3/год	$\delta Q_{14}/2$, км^3/год	φ_{Q14}, радиан	S_{Q14}, (км^3/год)^2
1	2	3	4	5	6	7	8	9
3,0	**104,95**	**2,99**	**1,0947**	**45763,98**	**29,55**	**1,65**	**3,1490**	**2888,503**
4,0	104,91	2,67	3,5831	45871,91	29,56	0,81	-,1928	2960,630
5,0	104,90	4,67	4,1175	44998,98	**29,55**	**0,92**	**4,3173**	**2953,448**
6,0	**104,99**	**7,86**	**-1,4285**	**42648,00**	29,55	0,41	2,1362	2976,999
7,0	104,93	6,55	4,0499	43743,75	29,55	0,24	,3390	2980,776
8,0	104,92	0,63	3,3787	46270,20	29,55	1,14	1,7066	2937,128
9,0	104,94	0,87	2,9224	46248,48	29,61	1,91	4,4655	2857,519
10,0	**104,94**	**2,78**	**-,1248**	**45832,09**	29,57	2,84	-,1210	2702,730
11,0	104,97	2,57	1,9788	45905,45	**29,64**	**3,21**	**-,6732**	**2627,493**
12,0	104,96	4,20	3,2585	45253,53	29,51	1,35	-1,1258	2920,574
13,0	**105,03**	**6,60**	**-,7714**	**43673,38**	29,55	0,65	1,9411	2968,441
14,0	104,90	1,91	2,6049	46075,42	**29,56**	**0,79**	**,5882**	**2961,011**
15,0	104,92	1,49	2,9988	46161,61	29,58	0,54	3,6924	2972,814
16,0	104,92	2,09	4,2548	46035,85	29,59	0,98	,1048	2949,771
17,0	104,93	2,64	-1,2978	45879,94	29,56	1,89	1,9502	2861,405
18,0	105,02	2,81	,2497	45825,08	29,55	2,35	-1,4215	2785,682
19,0	105,04	3,22	4,1522	45668,26	**29,60**	**2,52**	**3,5582**	**2757,690**
20,0	**104,90**	**3,31**	**-1,4530**	**45643,77**	29,68	2,54	-1,3341	2761,971
21,0	104,81	3,31	2,7371	45646,57	29,70	2,48	3,3036	2768,877
22,0	104,82	3,86	4,3168	45415,54	29,66	2,64	-,9689	2735,339
23,0	104,86	4,57	3,3508	45070,16	29,55	3,13	-1,3813	2645,024
24,0	104,95	4,96	,1579	44828,69	29,40	3,72	2,3227	2523,872
25,0	105,12	5,41	1,3746	44568,97	29,24	4,19	4,1654	2412,739
26,0	105,30	6,02	1,0417	44176,03	29,12	4,43	4,3998	2340,575
27,0	105,37	6,58	-,6436	43691,00	**29,07**	**4,48**	**3,2205**	**2314,707**
28,0	105,31	7,15	2,7458	43153,20	29,07	4,40	,7797	2327,568
29,0	105,12	7,76	-1,2110	42628,68	29,12	4,23	3,4843	2367,999
30,0	104,86	8,26	,1683	42263,18	29,20	4,01	-1,1259	2426,556
31,0	**104,59**	**8,44**	**,6806**	**42205,71**	29,28	3,75	-,3893	2495,529
32,0	104,40	8,18	,3937	42504,70	29,37	3,45	-,5020	2568,218
33,0	104,31	7,51	-,6240	43071,51	29,45	3,14	-1,3849	2639,177
34,0	104,34	6,60	3,9813	43743,44	29,52	2,83	3,3169	2704,725
35,0	104,43	5,64	1,7132	44377,85	29,58	2,53	1,1008	2762,937
36,0	104,55	4,77	-1,0813	44894,62	29,64	2,24	4,5899	2813,189
46,0	**105,00**	**3,17**	**-1,4285**	**45677,33**				
105,0	**104,77**	**7,79**	**,2727**	**43035,43**				

T, год				η	T, год			η
31,0				,2972	27,0			,4732
6,0				,2806	11,0			,3451
105,0				,2653	19,0			,2747
13,0				,2379	3,0			,1777
20,0				,1185	5,0			,0990
46,0				,1154	14,0			,0853
3,0				,1069				
10,0				,0998				

Таблица 9. Синусоидальная аппроксимация временных рядов стока Терека

T, год	Q_{015}, км^3/год	$\delta Q_{15}/2$, км^3/год	φ_{Q15}, радиан	S_{Q15}, (км^3/год)^2
1	2	3	4	5
3,0	**4,37**	**0,19**	**-,8334**	**31,9900**
4,0	4,37	0,10	1,5109	32,8837
5,0	4,37	0,08	-,6653	32,9784
6,0	4,37	0,14	1,2941	32,5016
7,0	**4,37**	**0,25**	**1,9525**	**30,9850**
8,0	4,37	0,08	-,2023	32,9949
9,0	4,37	0,06	,6344	33,1048
10,0	**4,37**	**0,23**	**,5795**	**31,3917**
11,0	4,37	0,08	3,1722	32,9891
12,0	**4,37**	**0,29**	**1,8833**	**30,2543**
13,0	4,37	0,09	-1,1271	32,9167
14,0	4,37	0,23	1,1326	31,3836
15,0	**4,37**	**0,35**	**3,1908**	**28,8422**
16,0	4,37	0,28	4,1917	30,4370
17,0	4,37	0,11	-1,1786	32,8300
18,0	4,37	0,13	-,4770	32,6667
19,0	4,37	0,24	3,9010	31,1990
20,0	**4,37**	**0,29**	**-1,3846**	**30,1793**
21,0	4,37	0,30	2,8845	30,1875
22,0	4,37	0,26	4,5670	30,9566
23,0	4,37	0,20	4,0616	31,7795
24,0	4,37	0,17	1,6854	32,1720
25,0	4,36	0,18	3,7957	32,1053
26,0	4,35	0,21	4,1691	31,7856
27,0	4,34	0,23	3,0201	31,4386
28,0	4,34	0,24	,5512	31,2078
29,0	**4,34**	**0,24**	**3,1970**	**31,1369**
30,0	4,34	0,24	-1,4902	31,2024
31,0	4,34	0,23	-,8438	31,3540
32,0	4,35	0,21	-1,0566	31,5431
33,0	4,36	0,20	4,2383	31,7355
34,0	4,36	0,19	2,5497	31,9131
35,0	4,37	0,18	,2252	32,0691
36,0	4,37	0,17	3,6010	32,2013
T, год				η
15,0				,3635
20,0				,3031
12,0				,2994
7,0				,2601
29,0				,2512
10,0				,2354
3,0				,1934

Таблица 10. Периоды в колебаниях стока рек

N	Река, годы	3	4	5	6	7	8	9	10	11	12	13	14	15	16	17	18	19	20	21	24	25
1.	Амур	+		+		+		+			+			+				+				
2.	Ангара		+			+		+				+										
3.	Волга		+			+				+		+				+	+		+			
4.	Дон	+		+			+					+			+							
5.	Енисей	+		+			+				+							+				
6.	Иртыш		+				+			+										+		
7.	Колыма	+						+		+			+					+		+		
8.	Кубань			+			+					+			+							+
9.	Нева		+		+		+			+		+		+		+		+	+			
10.	Неман		+		+		+			+		+			+		+					
11.	Обь		+			+					+											
12.	Печора		+		+		+		+	+			+				+				+	
13.	Северная Двина	+							+			+							+			
14.	Селенга	+								+	+		+					+				
15.	Терек	+				+								+					+			
	Итого	7	7	5	3	5	7	3	2	7	4	7	3	3	3	2	3	5	4	2	1	1

Таблица 10. Периоды в колебаниях стока рек (продолжение)

N	Река, годы	26	27	28	29	31	34	36	40	42	46	48	52	56	57
1.	Амур		+												
2.	Ангара												+		
3.	Волга						+							+	
4.	Дон				+										
5.	Енисей														
6.	Иртыш					+					+				
7.	Колыма											+			
8.	Кубань														
9.	Нева				+					+					
10.	Неман	+						+							+
11.	Обь			+											
12.	Печора								+						
13.	Северная Двина					+					+				
14.	Селенга		+												
15.	Терек				+										
	Итого	1	2	1	3	2	1	1	1	1	2	1	1	1	1

35

Таблица 11. Прогноз стока Колымы и оценка его результатов

t, годы	$Q_{ф7}$, км³/год	$Q_{ср7} - Q_{ф7}$, км³/год	$(Q_{ср7} - Q_{ф7})^2$, (км³/год)²	Q_{7sin}, км³/год	$Q_{7sin} - Q_{ф7}$, км³/год	$(Q_{7sin} - Q_{ф7})^2$, (км³/год)²	Q_{7Ssin}, км³/год	$Q_{7Ssin} - Q_{ф7}$, км³/год	$(Q_{7Ssin} - Q_{ф7})^2$, (км³/год)²
1	2	3	4	5	6	7	8	9	10
2001	67,81	2,40	5,76	64,03	-3,78	14,31	66,95	-0,87	0,75
2002	79,48	-9,27	85,95	67,87	-11,61	134,73	71,10	-8,38	70,17
2003	70,33	-0,12	0,02	73,97	3,64	13,23	70,04	-0,29	0,09
2004	97,46	-27,25	742,49	76,22	-21,23	450,92	82,16	-15,30	234,12
2005	61,82	8,39	70,42	72,38	10,56	111,50	81,29	19,47	379,21
2006	74,12	-3,91	15,28	66,28	-7,84	61,45	67,22	-6,90	47,60
2007	100,30	-30,09	905,24	64,03	-36,27	1315,48	71,76	-28,53	814,13
2008	79,17	-8,96	80,20	67,87	-11,29	127,51	75,35	-3,82	14,56
2009	62,45	7,76	60,23	73,97	11,52	132,77	71,82	9,37	87,80
2010	83,58	-13,37	178,78	76,22	-7,36	54,13	81,36	-2,22	4,92
		Ч. верных прогнозов	Суммы кв. ошибок		Ч. верных прогнозов	Суммы кв. ошибок		Ч. верных прогнозов	Суммы кв. ошибок
2001 – 2005		4	904,62 9,065/0,839		3	724,69 8,114/0,751		3	684,34 7,885/0,730
2001 – 2010		7	2144,36 9,869/0,914		5	2416,03 10,476/0,970		7	1653,35 8,667/0,802

36

Таблица 11. Прогноз стока Колымы и оценка его результатов (продолжение)

t, годы	$Q_{7Sкр}$, км³/год	$Q_{7Sкр} - Q_{ф7}$, км³/год	$(Q_{7Sin} - Q_{ф7})^2$, (км³/год)²
1	11	12	13
2001	69,84	2,03	4,12
2002	75,62	-3,86	14,90
2003	73,91	3,58	12,80
2004	84,25	-13,21	174,53
2005	81,90	20,08	403,16
2006	67,49	-6,63	43,92
2007	72,79	-27,50	756,52
2008	77,59	-1,57	2,48
2009	74,84	12,39	153,63
2010	84,13	0,55	0,30
		Ч. верных прогнозов	Суммы кв. ошибок
2001 – 2005		3	609,50 7,442/0,689
2001 – 2010		6	1566,34 8,435/0,781

Таблица 12. Прогноз стока Невы и оценка его результатов

t, годы	$Q_{фэ}$, км³/год	$Q_{ср}-Q_{фэ}$, км³/год	$(Q_{ср}-Q_{фэ})^2$, (км³/год)²	Q_{9sin}, км³/год	$Q_{9sin}-Q_{фэ}$, км³/год	$(Q_{9sin}-Q_{фэ})^2$, (км³/год)²	Q_{9Ssin}, км³/год	$Q_{9Ssin}-Q_{фэ}$, км³/год	$(Q_{9Ssin}-Q_{фэ})^2$, (км³/год)²
1	2	3	4	5	6	7	8	9	10
2001	72,23	6,54	42,82	69,31	-2,92	8,51	77,95	5,73	32,81
2002	65,29	13,48	181,77	69,16	3,87	14,97	76,40	11,12	123,55
2003	52,04	26,73	714,44	69,45	17,40	302,90	77,13	25,09	629,57
2004	76,01	2,76	7,61	70,16	-5,85	34,24	76,55	0,54	0,29
2005	91,47	-12,70	161,19	71,27	-20,20	407,96	73,69	-17,78	316,16
2006	67,50	11,27	127,11	72,72	5,22	27,28	72,76	5,27	27,72
2007	75,07	3,70	13,73	74,44	-0,62	0,39	77,47	2,41	5,79
2008	81,06	-2,29	5,23	76,36	-4,70	22,07	84,97	3,91	15,31
2009	90,20	-11,43	130,75	78,38	-11,82	139,81	88,44	-1,76	3,11
2010	89,89	-11,12	123,63	80,41	-9,48	89,84	85,43	-4,46	19,87
		Ч. верных прогнозов	Суммы кв. ошибок		Ч. верных прогнозов	Суммы кв. ошибок		Ч. верных прогнозов	Суммы кв. ошибок
2001 – 2005		2	1107,82 10,033/1,165		3	768,57 8,356/0,970		2	1102,37 10,008/1,162
2001 – 2010		4	1508,27 8,278/0,961		6	1047,97 6,900/0,801		7	1174,18 7,303/0,848

Таблица 13. Оправдываемость поверочных прогнозов стока рек на 2001 – 2005 гг.

N	Река	I	II	III	IV	V	VI
1.	Амур	1	3	2	1	3	3
2.	Ангара	3	3	2	3	3	3
3.	Волга	4	2	2	4	1	1
4.	Дон	5	5	5	5	5	5
5.	Енисей	1	3	1	3	1	3
6.	Иртыш	3	2	2	3	3	3
7.	Колыма	4	3	3	4	3	3
8.	Кубань	0	0	1	0	1	1
9.	Нева	2	3	2	3	2	3
10.	Неман	2	2	3	2	3	3
11.	Обь	3	3	3	3	1	2
12.	Печора	1	1	2	1	2	2
13.	Северная Двина	4	3	4	4	3	3
14.	Селенга	1	3	0	3	1	3
15.	Терек	2	1	2	2	2	2
	Итого	36	37	34	41	34	40
		0,480	0,493	0,453	0,547	0,453	0,533

Таблица 14. Оправдываемость поверочных прогнозов стока рек на 2001 – 2010 гг.

N	Река	I	II	III	IV	V	VI
1.	Амур	4	7	4	4	7	7
2.	Ангара	8	7	7	7	8	8
3.	Волга	8	6	6	8	5	5
4.	Дон	6	6	6	6	6	6
5.	Енисей	2	5	4	5	2	5
6.	Иртыш	6	6	5	6	6	6
7.	Колыма	7	5	7	7	6	6
8.	Кубань	4	2	5	4	5	5
9.	Нева	4	6	7	6	4	6
10.	Неман	6	3	6	6	7	7
11.	Обь	7	5	5	5	4	5
12.	Печора	4	3	3	4	3	3
13.	Северная Двина	8	8	5	8	7	7
14.	Селенга	1	4	0	4	1	4
15.	Терек	6	6	5	6	6	6
	Итого	81	79	75	86	77	86
		0,540	0,527	0,500	0,573	0,513	0,573

Таблица 15. Фактическая и относительная ошибки прогнозирования стока рек на 2001 – 2005 гг.

N	Река	I		II		III		IV		V		VI	
		∂r, км³/год	$\partial r/\Delta$	∂r, км³/год	$\partial r/\Delta$	∂r, км³/год	$\partial r/\Delta$	∂r, км³/год	$\partial r/\Delta$	∂r, км³/год	$\partial r/\Delta$	∂r, км³/год	$\partial r/\Delta$
1.	Амур	43,458	1,147	27,126	0,716	39,747	1,050	43,458	1,147	32,179	0,850	32,179	0,850
2.	Ангара	9,449	1,014	8,729	0,936	11,691	1,254	8,729	0,936	8,498	0,912	8,498	0,912
3.	Волга	14,796	0,487	26,260	0,863	23,974	0,788	14,796	0,487	32,461	1,067	32,461	1,067
4.	Дон	2,318	0,374	2,021	0,326	1,055	0,170	2,318	0,374	1,251	0,202	1,251	0,202
5.	Енисей	47,038	1,646	26,578	0,930	43,154	1,510	26,578	0,930	47,038	1,646	26,578	0,930
6.	Иртыш	12,293	1,092	11,128	0,988	12,056	1,071	12,293	1,092	11,680	1,037	11,680	1,037
7.	Колыма	9,065	0,839	8,114	0,751	7,885	0,730	9,065	0,839	7,442	0,689	7,442	0,689
8.	Кубань	2,137	1,320	2,270	1,402	1,905	1,176	2,137	1,320	1,992	1,230	1,992	1,230
9.	Нева	10,033	1,165	8,356	0,970	10,007	1,162	8,356	0,970	10,033	1,165	8,356	0,970
10.	Неман	1,643	0,912	1,811	1,006	1,280	0,711	1,643	0,912	1,198	0,665	1,198	0,665
11.	Обь	51,757	1,303	63,719	1,605	52,793	1,329	63,719	1,605	45,164	1,137	55,507	1,398
12.	Печора	12,188	1,291	13,422	1,421	13,053	1,382	12,188	1,291	12,245	1,297	12,245	1,297
13.	Северная Двина	6,544	0,492	6,807	0,512	8,481	0,638	6,544	0,492	9,044	0,680	9,044	0,680
14.	Селенга	6,651	1,501	3,858	0,871	4,595	1,037	3,858	0,871	6,651	1,501	3,858	0,871
15.	Терек	0,494	1,072	0,453	0,984	0,539	1,169	0,494	1,072	0,493	1,069	0,493	1,069
	Итого	229,864	15,655	210,652	14,281	232,215	15,177	216,176	14,338	227,369	15,147	212,782	13,867
		15,324	1,044	14,043	0,952	15,481	1,012	14,412	0,956	15,158	1,010	14,185	0,924

Таблица 16. Фактическая и относительная ошибки прогнозирования стока рек на 2001 – 2010 гг.

N	Река	I		II		III		IV		V		VI	
		ðг, км³/год	ðг/Δ	ðг, км³/год	ðг/Δ	ðг, км³/год	ðг/Δ	ðг, км³/год	ðг/Δ	ðг, км³/год	ðг/Δ	ðг, км³/год	ðг/Δ
1.	Амур	44,586	1,178	35,435	0,936	52,774	1,394	44,586	1,178	37,779	0,998	37,779	0,998
2.	Ангара	7,313	0,784	6,899	0,740	8,768	0,941	6,899	0,740	6,670	0,715	6,670	0,715
3.	Волга	16,518	0,543	22,310	0,734	22,415	0,737	16,518	0,543	27,849	0,916	27,849	0,916
4.	Дон	3,812	0,615	3,823	0,617	5,792	0,934	3,812	0,615	4,107	0,662	4,107	0,662
5.	Енисей	46,430	1,625	27,841	0,974	34,863	1,220	27,841	0,974	46,430	1,625	27,841	0,974
6.	Иртыш	11,043	0,981	10,371	0,921	11,429	1,015	11,043	0,981	11,198	0,994	11,198	0,994
7.	Колыма	9,869	0,914	10,476	0,970	8,667	0,802	9,869	0,914	8,435	0,781	8,435	0,781
8.	Кубань	1,636	1,011	1,806	1,115	1,507	0,931	1,636	1,011	1,503	0,928	1,503	0,928
9.	Нева	8,278	0,961	6,900	0,801	7,303	0,848	6,900	0,801	8,278	0,961	6,900	0,801
10.	Неман	1,336	0,742	1,739	0,966	1,229	0,683	1,336	0,742	1,042	0,579	1,042	0,579
11.	Обь	43,008	1,083	50,431	1,270	44,373	1,117	50,431	1,270	40,037	1,008	47,177	1,188
12.	Печора	15,370	1,628	15,402	1,631	15,405	1,631	15,370	1,628	14,392	1,524	14,392	1,524
13.	Северная Двина	6,742	0,507	6,369	0,479	9,801	0,737	6,742	0,507	8,511	0,640	8,511	0,640
14.	Селенга	6,536	1,475	4,071	0,918	5,671	1,280	4,071	0,918	6,536	1,475	4,071	0,918
15.	Терек	0,389	0,843	0,335	0,725	0,433	0,939	0,389	0,843	0,394	0,854	0,394	0,854
	Итого	222,866	14,89	204,208	13,797	230,43	15,209	207,443	13,665	223,161	14,66	207,869	13,472
		14,858	0,993	13,614	0,920	15,362	1,014	13,830	0,911	14,877	0,977	13,858	0,898

41

Приложение 2. Колебания стока рек Российской Федерации

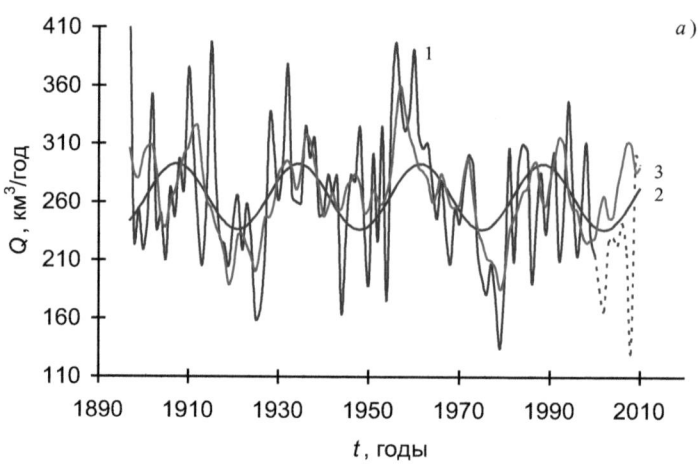

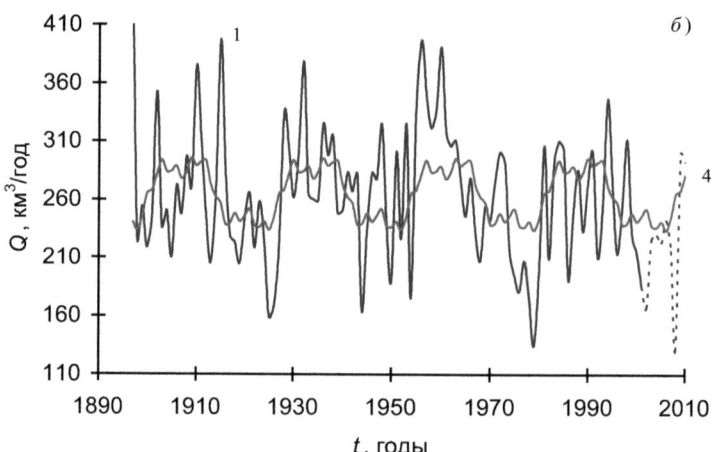

Рисунок 1. Сток Амура: 1 – временной ряд, пунктиром показан участок поверочного прогноза (2001 – 2010 гг.), 2 – синусоида с периодом 27 лет ($\eta_2 = 0,348$), 3 – сумма всех выявленных синусоид ($\eta_3 = 0,573$), 4 – сумма синусоид с периодами 27, 9 лет и 3 года ($\eta_4 = 0,378$)

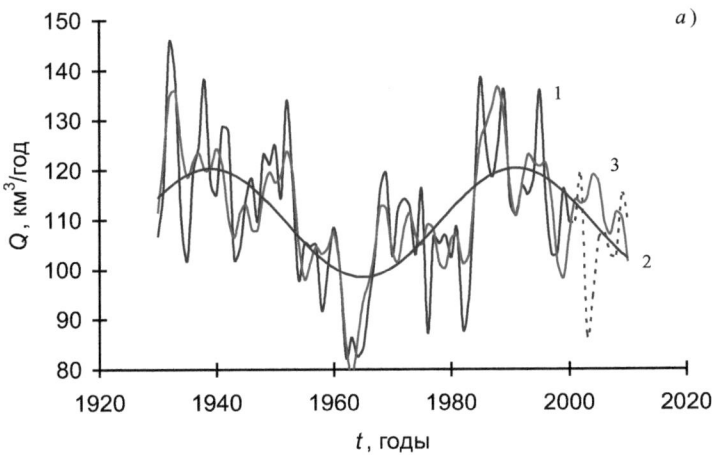

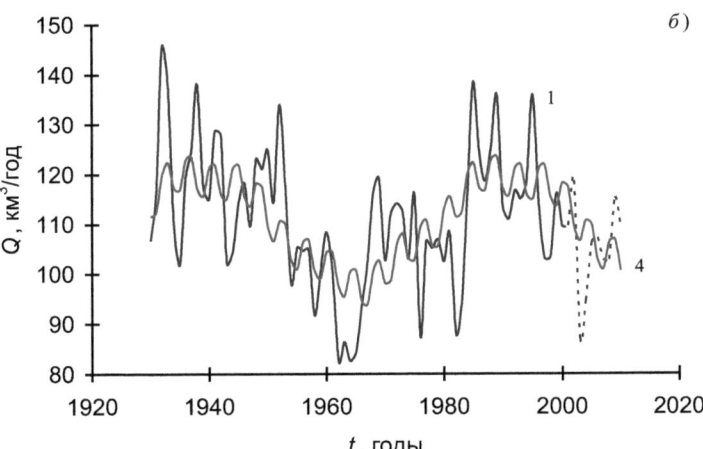

Рисунок 2. Сток Ангары: 1 – временной ряд, пунктиром показан участок поверочного прогноза (2001 – 2010 гг.), 2 – синусоида с периодом 52 года ($\eta_2 = 0,557$); 3 – сумма всех выявленных синусоид ($\eta_3 = 0,804$), 4 – сумма синусоид с периодами 4, 13 лет и 52 года ($\eta_4 = 0,602$)

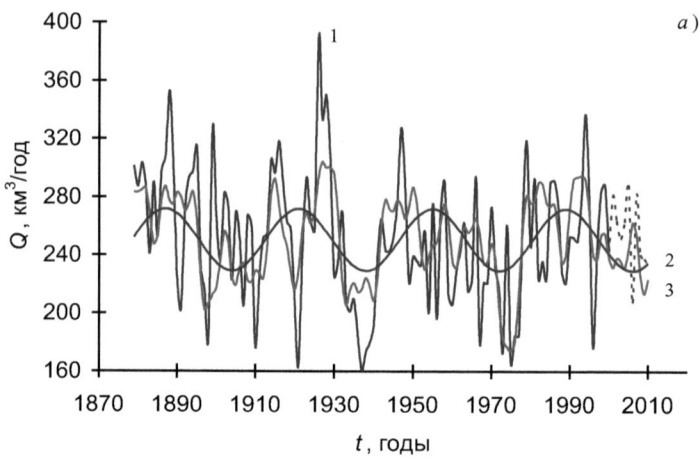

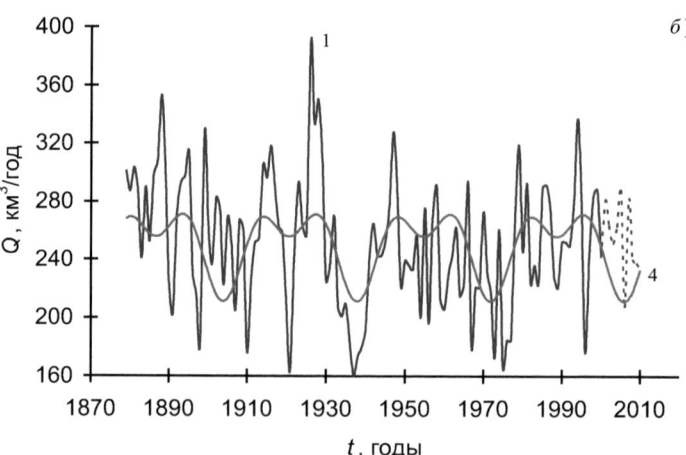

Рисунок 3. Сток Волги: 1 – временной ряд, пунктиром показан участок поверочного прогноза (2001 – 2010 гг.), 2 – синусоида с периодом 34 года ($\eta_2 = 0{,}327$), 3 – сумма всех выявленных синусоид ($\eta_3 = 0{,}600$), 4 – сумма синусоид с периодами 34 и 17 лет ($\eta_4 = 0{,}416$)

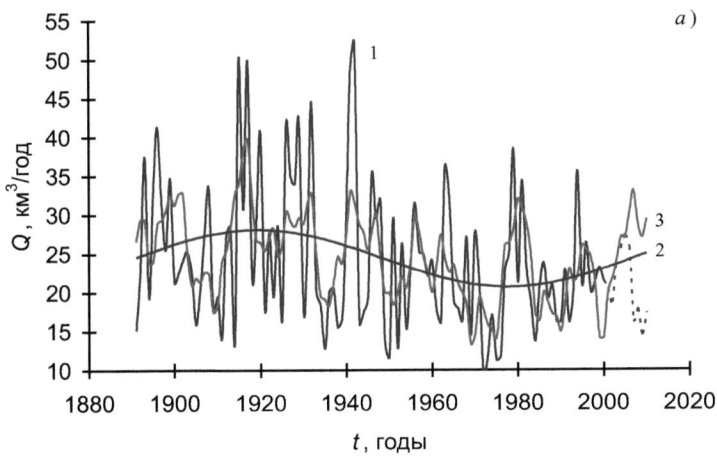

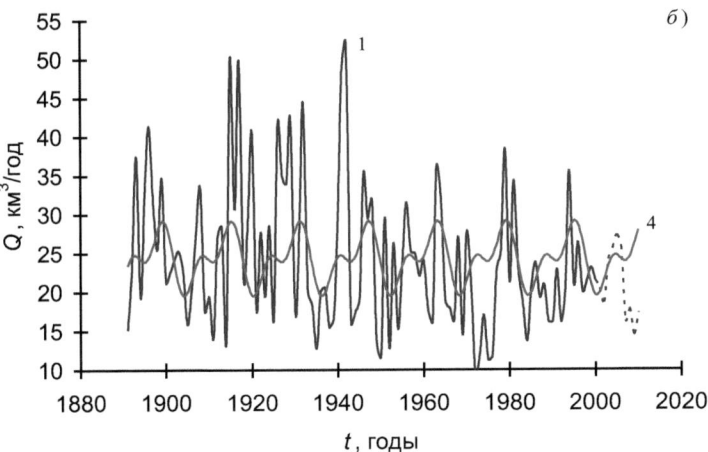

Рисунок 4. Сток Дона: 1 – временной ряд, пунктиром показан участок поверочного прогноза (2001 – 2010 гг.), 2 – синусоида с периодом 117 лет ($\eta_2 = 0{,}293$), 3 – сумма всех выявленных синусоид ($\eta_3 = 0{,}562$), 4 – сумма синусоид с периодами 8 и 16 лет ($\eta_4 = 0{,}304$)

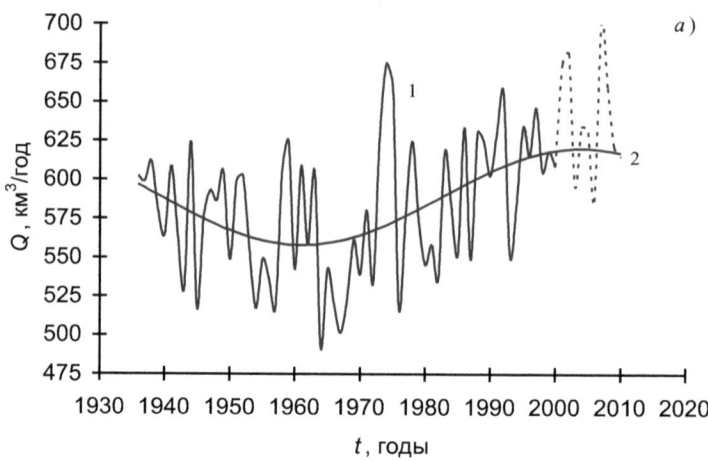

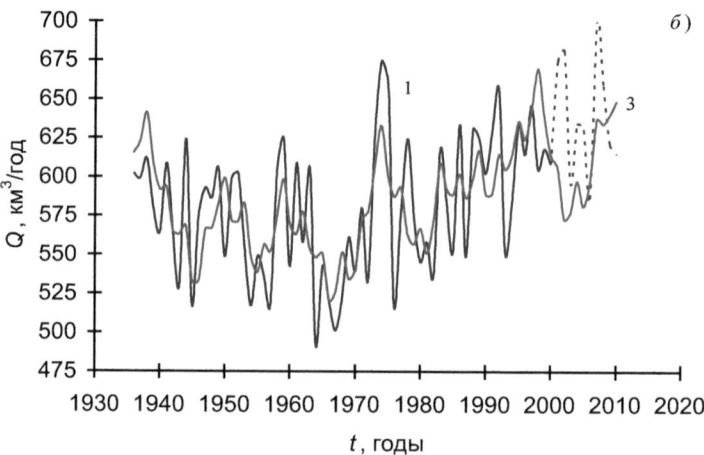

Рисунок 5. Сток Енисея: 1 – временной ряд, пунктиром показан участок поверочного прогноза (2001 – 2010 гг.), 2 – синусоида с периодом 86 лет ($\eta_2 = 0{,}451$), 3 – сумма всех выявленных синусоид ($\eta_3 = 0{,}648$)

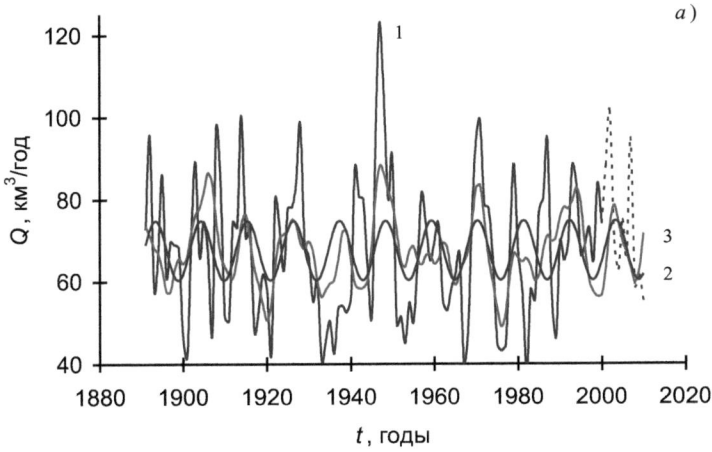

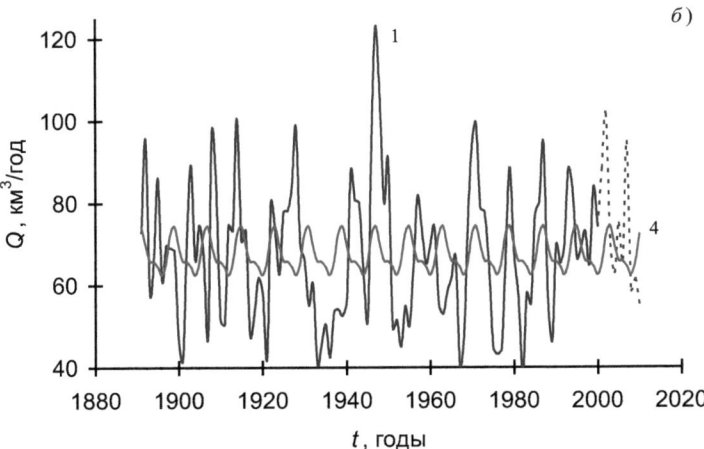

Рисунок 6. Сток Иртыша: 1 – временной ряд, пунктиром показан участок поверочного прогноза (2001 – 2010 гг.), 2 – синусоида с периодом 11 лет ($\eta_2 = 0{,}308$), 3 – сумма всех выявленных синусоид ($\eta_3 = 0{,}490$), 4 – сумма синусоид с периодами 8 лет и 4 года ($\eta_4 = 0{,}233$)

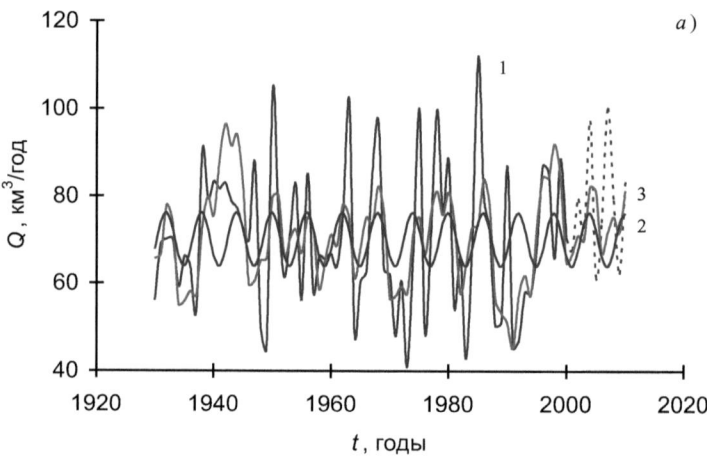

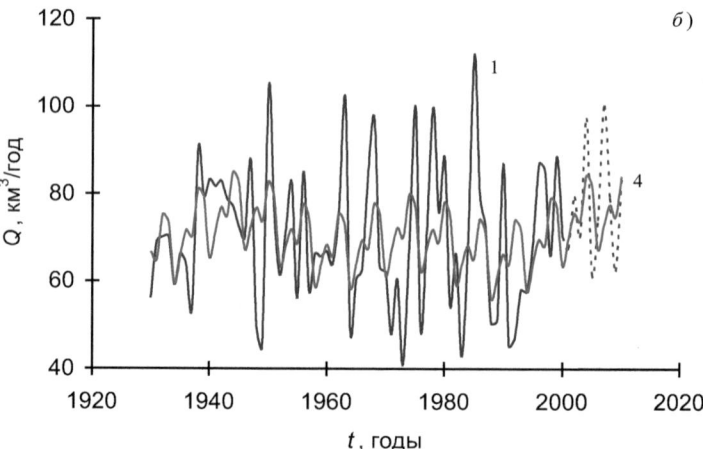

Рисунок 7. Сток Колымы: 1 – временной ряд, пунктиром показан участок поверочного прогноза (2001 – 2010 гг.), 2 – синусоида с периодом 6 лет ($\eta_2 = 0{,}270$), 3 – сумма всех выявленных синусоид ($\eta_3 = 0{,}567$), 4 – сумма синусоид с периодами 3, 6 лет, 31 год и 62 года ($\eta_4 = 0{,}413$)

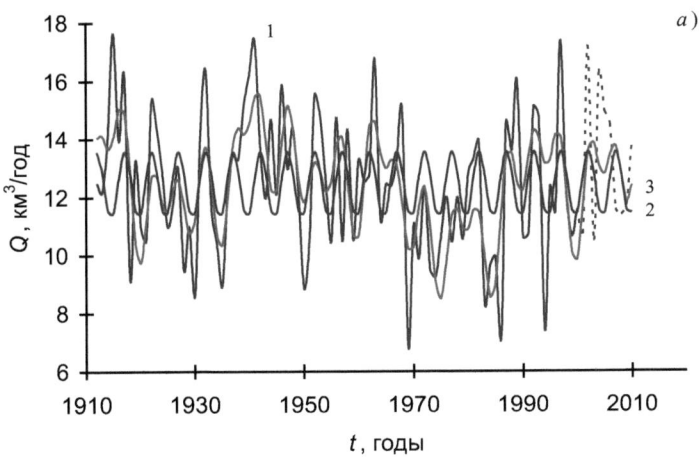

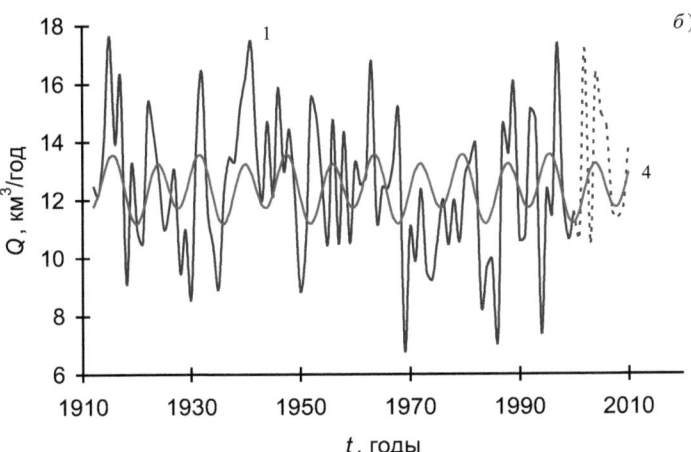

Рисунок 8. Сток Кубани: 1 – временной ряд, пунктиром показан участок поверочного прогноза (2001 – 2010 гг.), 2 – синусоида с периодом 5 лет ($\eta_2 = 0{,}335$), 3 – сумма всех выявленных синусоид ($\eta_3 = 0{,}601$), 4 – сумма синусоид с периодами 8 и 16 лет ($\eta_4 = 0{,}305$)

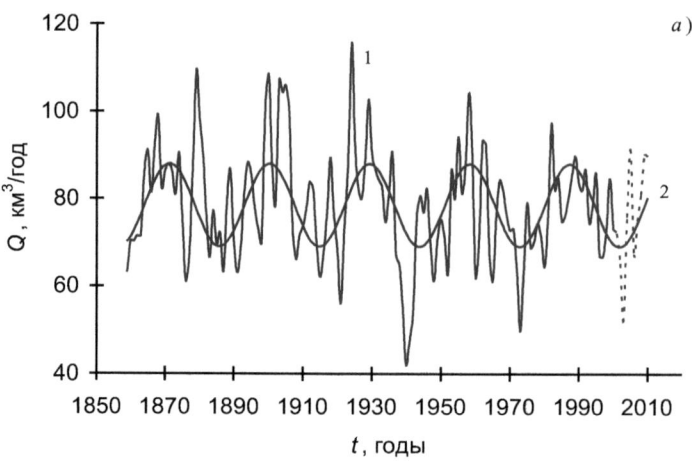

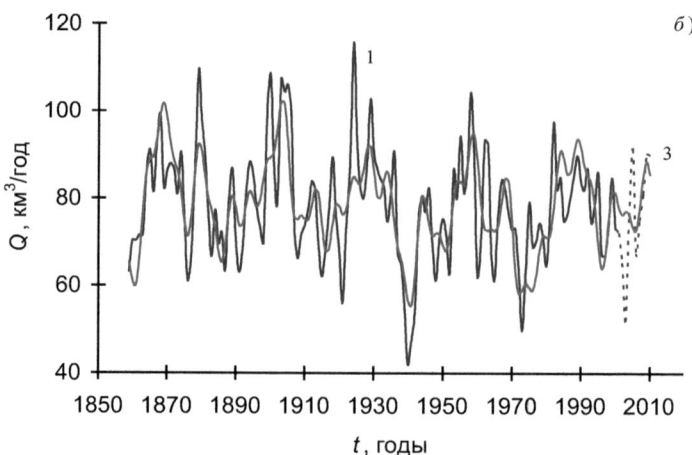

Рисунок 9. Сток Невы: 1 – временной ряд, пунктиром показан участок поверочного прогноза (2001 – 2010 гг.), 2 – синусоида с периодом 29 лет ($\eta_2 = 0{,}516$), 3 – сумма всех выявленных синусоид ($\eta_3 = 0{,}706$)

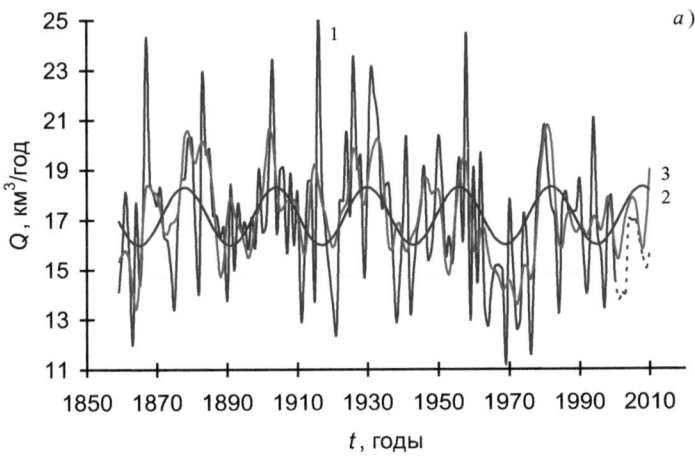

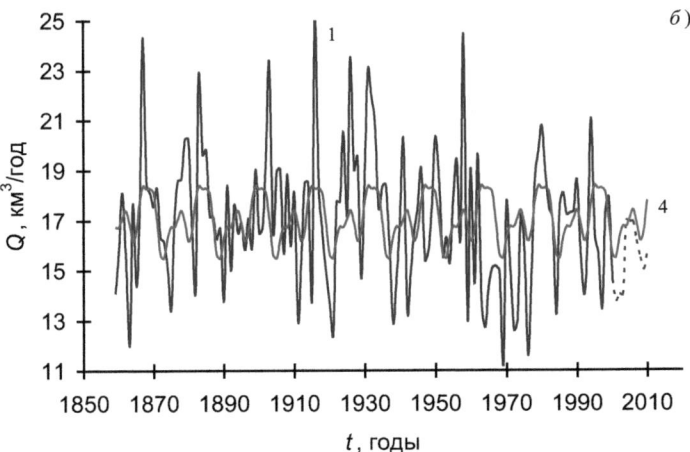

Рисунок 10. Сток Немана: 1 – временной ряд, пунктиром показан участок поверочного прогноза (2001 – 2010 гг.), 2 – синусоида с периодом 26 лет (η_2 = 0,306), 3 – сумма всех выявленных синусоид (η_3 = 0,593), 4 – сумма синусоид с периодами 4, 8 и 16 лет (η_4 = 0,332)

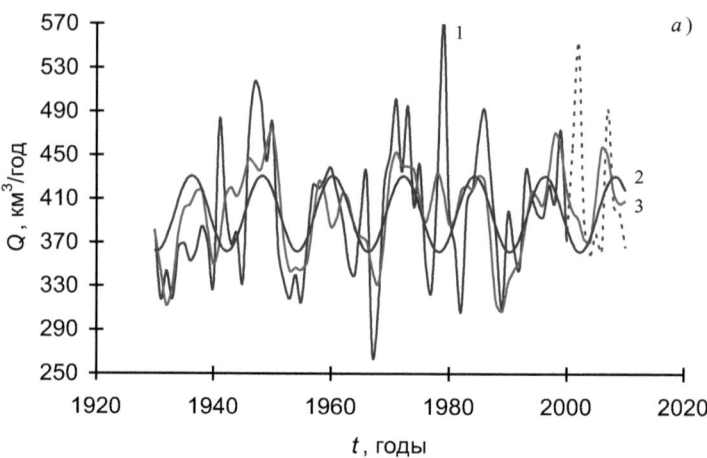

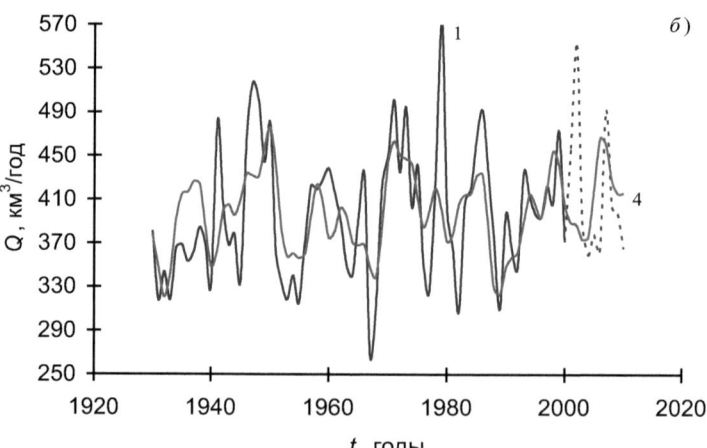

Рисунок 11. Сток Оби: 1 – временной ряд, пунктиром показан участок поверочного прогноза (2001 – 2010 гг.), 2 – синусоида с периодом 12 лет ($\eta_2 = 0{,}413$), 3 – сумма всех выявленных синусоид ($\eta_3 = 0{,}602$), 4 – сумма синусоид с периодами 12 и 4, 7 и 28 лет ($\eta_4 = 0{,}604$)

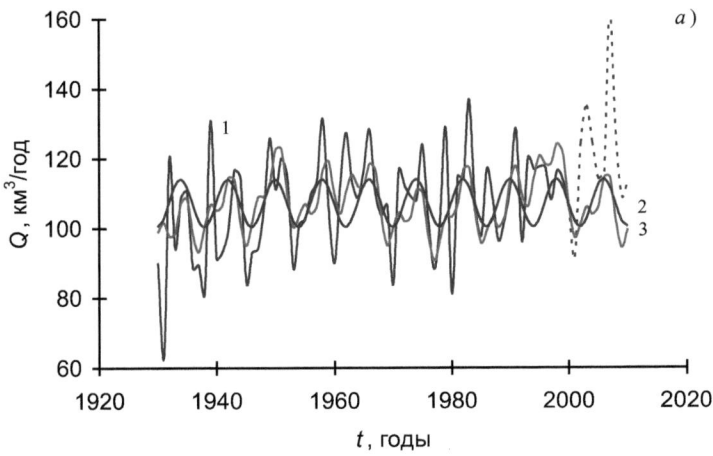

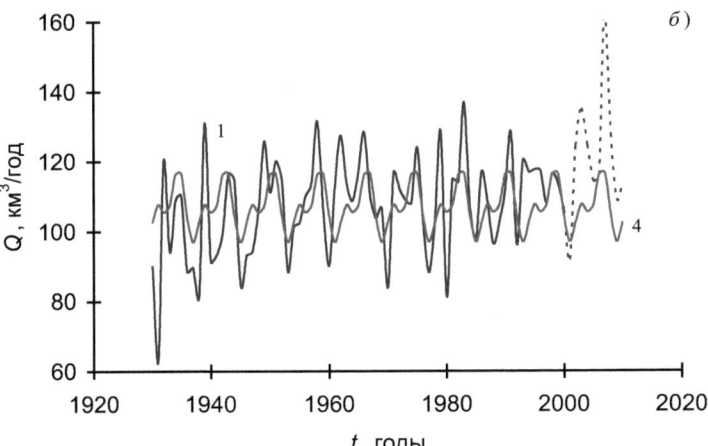

Рисунок 12. Сток Печоры: 1 – временной ряд, пунктиром показан участок поверочного прогноза (2001 – 2010 гг.), 2 – синусоида с периодом 8 лет ($\eta_2 = 0{,}340$), 3 – сумма всех выявленных синусоид ($\eta_3 = 0{,}544$), 4 – сумма синусоид с периодами 4 и 8 лет ($\eta_4 = 0{,}434$)

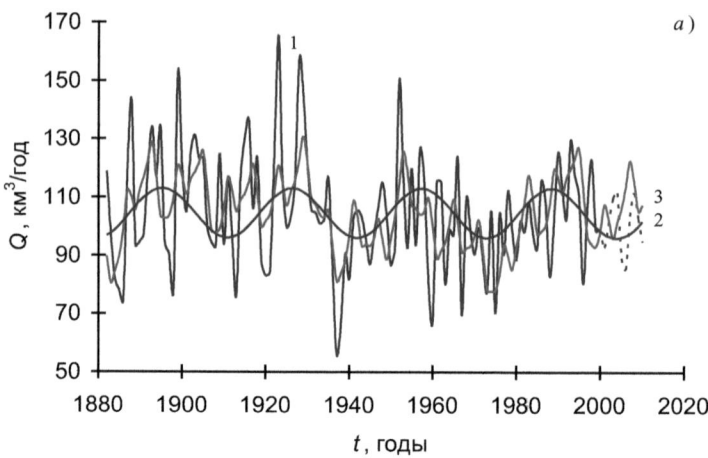

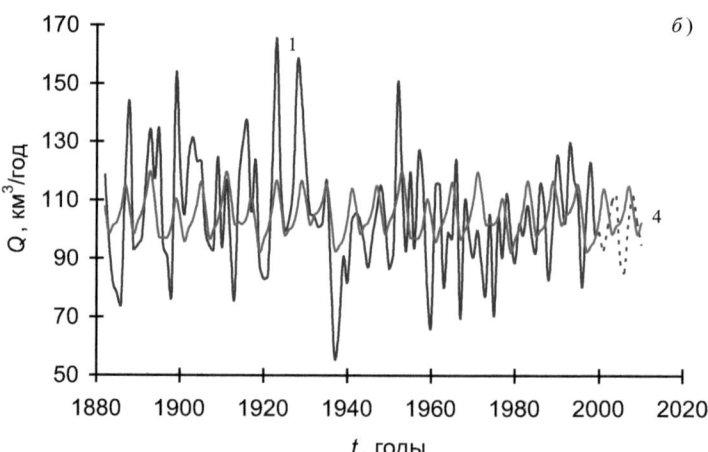

Рисунок 13. Сток Северной Двины: 1 – временной ряд, пунктиром показан участок поверочного прогноза (2001 – 2010 гг.), 2 – синусоида с периодом 31 год ($\eta_2 = 0{,}297$), 3 – сумма всех выявленных синусоид ($\eta_3 = 0{,}556$), 4 – сумма синусоид с периодами 3, 6, 10 и 20 лет ($\eta_4 = 0{,}338$)

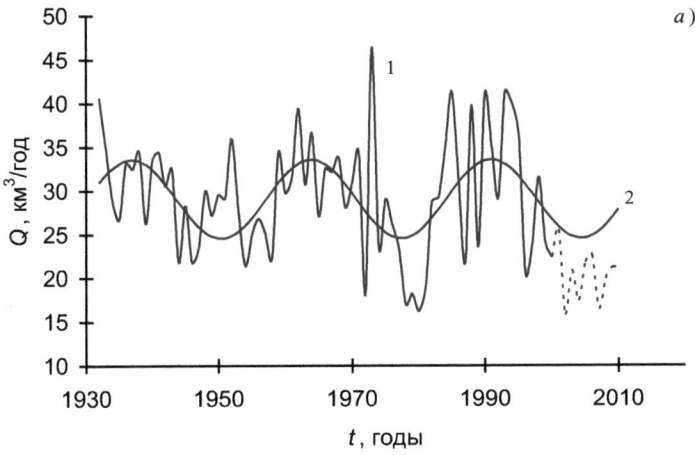

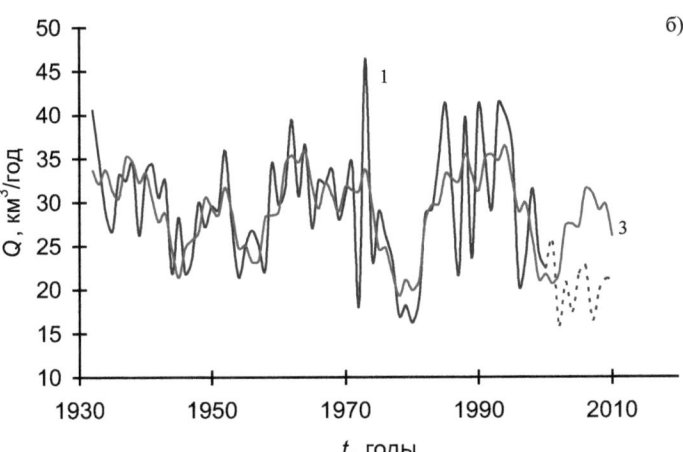

Рисунок 14. Сток Селенги: 1 – временной ряд, пунктиром показан участок поверочного прогноза (2001 – 2010 гг.), 2 – синусоида с периодом 27 лет ($\eta_2 = 0{,}473$), 3 – сумма всех выявленных синусоид ($\eta_3 = 0{,}684$)

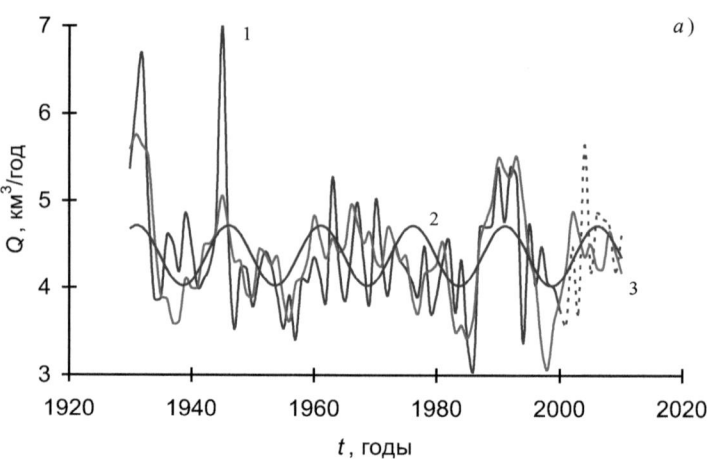

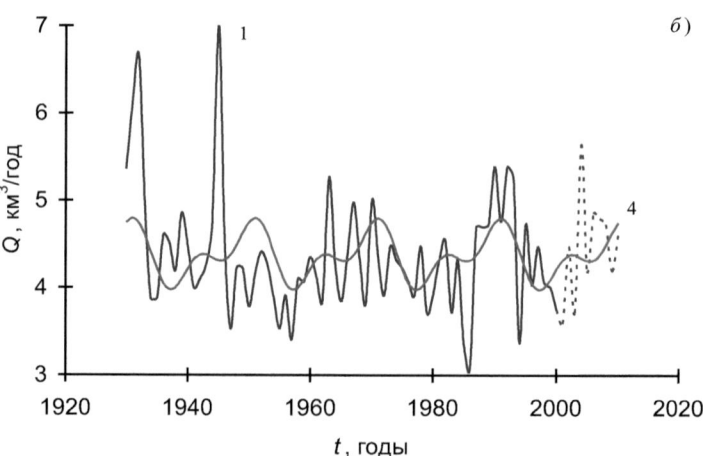

Рисунок 15. Сток Терека: 1 – временной ряд, пунктиром показан участок поверочного прогноза (2001 – 2010 гг.), 2 – синусоида с периодом 15 лет ($\eta_2 = 0{,}364$), 3 – сумма всех выявленных синусоид ($\eta_3 = 0{,}590$), 4 – сумма синусоид с периодами 10 и 20 лет ($\eta_4 = 0{,}366$)